W0038750

Übungsbuch

mit ausführlichen Lösungen
zu
Technik des betrieblichen Rechnungswesens

Von
Dr. rer. pol. Jürgen Schöttler
Dr. rer. pol. Reinhard Spulak
Dr. rer pol. Wolfgang Baur

9., vollständig überarbeitete Auflage

R. Oldenbourg Verlag München Wien

Bibliografische Information Der Deutschen Bibliothek

Die Deutsche Bibliothek verzeichnet diese Publikation in der Deutschen
Nationalbibliografie; detaillierte bibliografische Daten sind im Internet
über <http://dnb.ddb.de> abrufbar.

© 2003 Oldenbourg Wissenschaftsverlag GmbH
Rosenheimer Straße 145, D-81671 München
Telefon: (089) 45051-0
www.oldenbourg-verlag.de

Gedruckt auf säure- und chlorfreiem Papier
Druck: MB Verlagsdruck, Schrobenhausen
Bindung: R. Oldenbourg Graphische Betriebe Binderei GmbH

ISBN 3-486-25803-6

Inhaltsverzeichnis

Inhaltsverzeichnis V
Vorwort VII

Übungsaufgaben zu Absatz A. Grundlagen 1

Übungsaufgabe 1: Inventar und Bilanz
Übungsaufgabe 2: Verbuchung erfolgsneutraler Geschäftsvorfälle 2
Übungsaufgabe 3: Buchungssätze 3
Übungsaufgabe 4: Getrennte Verbuchung privater und betrieblicher
                   Eigenkapitalveränderungen 4
Übungsaufgabe 5: Verbuchung auf gesonderten Aufwands- und Ertragskonten 5

B. Typische Buchungsfälle im Handelsunternehmen

Übungsaufgabe 6: Unterschiedliche Methoden der Verbuchung des
                   Warenverkehrs 6
Übungsaufgabe 7: Verbuchung von Bezugskosten, Preisnachlässen und
                   Rücksendungen 7
Übungsaufgabe 8: Skonti, Boni, Rabatte 9

C. Typische Buchungsfälle im Industriebetrieb

Übungsaufgabe 9: Verbuchung industrieller Erzeugnisse 10
Ubungsaufgabe 10: Bestandsveränderungen an fertigen und unfertigen
                   Erzeugnissen 11
Übungsaufgabe 11: Verbuchung industrieller Erzeugnisse 12
Übungsaufgabe 12: Verbuchung industrieller Erzeugnisse 13

D. Die Verbuchung der Umsatzsteuer

Übungsaufgabe 13: Umsatzsteuergrundfälle 14
Übungsaufgabe 14: Verbuchung der Umsatzsteuer bei nachträglichen
                   Minderungen des Entgelts 16

E. Abschreibungen auf Gegenstände des abnutzbaren Sachanlagevermögens

Übungsaufgabe 15: Verbuchung von Abschreibungen 17

F. Besondere Buchungsfälle

Übungsaufgabe 16: Veräußerung von Gegenständen des Anlagevermögens .. 19
Übungsaufgabe 17: Betriebsübersicht 20
Übungsaufgabe 18: Betriebsübersicht 21
Übungsaufgabe 19: Betriebsübersicht 22
Übungsaufgabe 20: Abschreibungsverfahren 23
Übungsaufgabe 21: Abschreibungsverfahren 24
Übungsaufgabe 22: Verbuchung von Personalkosten 24
Übungsaufgabe 23: Umsatzsteuer 25
Übungsaufgabe 24: Wechselverbuchung 27
Übungsaufgabe 25: Zeitliche Abgrenzung 28
Übungsaufgabe 26: Rückstellungen 29
Übungsaufgabe 27: Betriebsübersicht mit zeitlichen Abgrenzungen 30
Übungsaufgabe 28: Abschreibungen auf Forderungen 32
Übungsaufgabe 29: Pauschalwertberichtigung zu Forderungen 33
Übungsaufgabe 30: Verbuchung im Industriebetrieb 33

G. Die Gewinn- und Verlustverteilung bei ausgewählten Unternehmensformen

Übungsaufgabe 31: Gewinnverwendung der OHG 35
Übungsaufgabe 32: Gewinnverwendung der OHG mit Verbuchung 35
Übungsaufgabe 33: Gewinnverwendung der KG mit Verbuchung 36
Übungsaufgabe 34: Gewinnverwendung der GmbH 36
Übungsaufgabe 35: Gewinnverwendung der AG 36

H. Kontenplan für „Technik des betrieblichen Rechnungswesens" 37

I. Lösungsvorschläge zu den Übungsaufgaben

Lösung zur Übungsaufgabe 1 40
Lösung zur Übungsaufgabe 2 42
Lösung zur Übungsaufgabe 3 44
Lösung zur Übungsaufgabe 4 45
Lösung zur Übungsaufgabe 5 47
Lösung zur Übungsaufgabe 6 49
Lösung zur Übungsaufgabe 7 53
Lösung zur Übungsaufgabe 8 56
Lösung zur Übungsaufgabe 9 58
Lösung zur Übungsaufgabe 10 59
Lösung zur Übungsaufgabe 11 61
Lösung zur Übungsaufgabe 12 63
Lösung zur Übungsaufgabe 13 67
Lösung zur Übungsaufgabe 14 69
Lösung zur Übungsaufgabe 15 73
Lösung zur Übungsaufgabe 16 76
Lösung zur Übungsaufgabe 17 (Buchungssätze) 79
Lösung zur Übungsaufgabe 18 (Buchungssätze) 80
Lösung zur Übungsaufgabe 17 (Betriebsübersicht) 81
Lösung zur Übungsaufgabe 18 (Betriebsübersicht) 83
Lösung zur Übungsaufgabe 19 (Betriebsübersicht) 85
Lösung zur Übungsaufgabe 19 (Buchungssätze) 87
Lösung zur Übungsaufgabe 20 87
Lösung zur Übungsaufgabe 21 89
Lösung zur Übungsaufgabe 22 90
Lösung zur Übungsaufgabe 23 90
Lösung zur Übungsaufgabe 24 94
Lösung zur Übungsaufgabe 25 95
Lösung zur Übungsaufgabe 26 96
Lösung zur Übungsaufgabe 27 (Buchungssätze) 96
Lösung zur Übungsaufgabe 28 97
Lösung zur Übungsaufgabe 27 (Betriebsübersicht) 98
Lösung zur Übungsaufgabe 29 100
Lösung zur Übungsaufgabe 30 101
Lösung zur Übungsaufgabe 31 104
Lösung zur Übungsaufgabe 32 105
Lösung zur Übungsaufgabe 33 107
Lösung zur Übungsaufgabe 34 109
Lösung zur Übungsaufgabe 35 110

J. Testaufgaben 112

K. Lösung der Testaufgaben 126

Vorwort zur 1. Auflage

Das vorliegende Übungsbuch wendet sich an alle Studierenden der Volks- und Betriebswirtschaftslehre sowie an alle Schüler von Wirtschaftsgymnasien, die sich im Rahmen ihrer Ausbildung mit den Techniken des betrieblichen Rechnungswesens vertraut machen müssen. Die bereits an der Universität Mannheim erfolgreich erprobte Konzeption der Verfasser besteht darin, eine Aufgabensammlung vorzulegen, die eine Hilfestellung bei der sukzessiven Erarbeitung des Stoffgebietes der Finanzbuchhaltung bietet. Daher wurde besonderen Wert auf die Darstellung ausführlicher Lösungsvorschläge zu den einzelnen Aufgaben gelegt, die jedoch die eigenständige Bearbeitung der Aufgaben durch den Studierenden – insbesondere auch in Kleingruppen – keineswegs ersetzen, sondern vielmehr die Möglichkeit zur Selbstkontrolle bieten soll; daher kann das vorliegende Übungsbuch die eigentliche Wissensvermittlung nicht übernehmen; diese bleibt der Vorlesung bzw. dem Unterricht sowie einem intensiven Literaturstudium vorbehalten.

Die Aufgabensammlung enthält Übungsaufgaben zur Verbuchung, sog. Testaufgaben sowie einen Kontenplan, der nach dem neuen Industriekontenrahmen (IKR 1971) aufgebaut ist und ab Übungsaufgabe 9 zu verwenden ist. Erst ab Übungsaufgabe 12 wird eine Verbuchung der Umsatzsteuer vorgenommen; dabei wird in allen Fällen zur rechentechnischen Vereinfachung von einem einheitlichen Steuersatz von 10% ausgegangen. Die in den Übungsaufgaben und Lösungen angegebenen Geldbeträge verstehen sich in DM.

In Anschluß an die Übungsaufgaben und ihren ausführlichen Lösungen finden sich ab Seite 109 sog. Testaufgaben, die dem Lernenden die Möglichkeit bieten sollen, auch sein theoretisches Wissen zu überprüfen. Für diese Testaufgaben wurden ebenfalls Lösungen erarbeitet, die eine sorgfältige Nacharbeitung und Kontrolle des in der Literatur und in der Vorlesung bzw. im Unterricht dargebotenen Stoffes ermöglichen soll.

Die Verfasser sind sich darüber im klaren, daß es bei dieser Konzeption zu Anfangsschwierigkeiten kommen kann. Auch können bei der Bearbeitung eines derartig umfangreichen Zahlenmaterials Fehler vorkommen, für die sie bereits jetzt um Verständnis bitten; sie sind daher in Zukunft sowohl für entsprechende kritische Hinweise als auch für anderweitige Verbesserungsvorschläge dankbar.

Vorwort zur 3. Auflage

Die Notwendigkeit einer 3. Auflage knapp 4 Jahre nach Erscheinen der 1. Auflage zeigt uns, daß die Konzeption des vorliegenden Übungsbuches – Lernen und Selbstkontrolle anhand konkreter Aufgaben mit ausführlichen Lösungen – beim interessierten Leser breiten Anklang fand. Der Erfolg des Buches war uns Veranlassung, einige Erweiterungen vorzunehmen. So konnten wir in zahlreichen Vorlesungen feststellen, daß Anfänger auf dem Gebiet der Finanzbuchhaltung besondere Schwierigkeiten bei der Verbuchung industrieller Erzeugnisse, der Verbuchung der Abschreibungen auf Gegenstände des abnutzbaren Anlagevermögens sowie der Verbuchung der Abschreibungen auf Forderungen haben. Daher haben wir diese Problemkreise durch die Hereinnahme zusätzlicher Übungsaufgaben stärker berücksichtigt.

Vorwort zur 6. Auflage

Die 6. Auflage berücksichtigt die aktuellen gesetzlichen Grundlagen des Bilanz-
richtliniengesetzes (1986). Gleichzeitig wurde bei den Buchungsbeispielen der
neue Industriekontenrahmen 1986 (IKR 1986), der auch die vorgenannten gesetzlichen Neuerungen beinhaltet, zugrunde gelegt.

Vorwort zur 7. und 8. Auflage

Die große Zahl umsatzsteuerlicher Verbuchungsprobleme wird in dem vorliegenden Werk auf der Basis des Umsatzsteuergesetzes 1991 gelöst. Besonderheiten aus
der Weiterentwicklung der Europäischen Gemeinschaft (EG) zu einem Raum ohne
Binnengrenzen (,,Binnenmarkt'') ab dem 1. Januar 1993 sind für das Verständnis der
Verbuchungstechnik der Umsatzsteuer vernachlässigbar und bleiben daher unbe-
rücksichtigt.

Vorwort zur 9. Auflage

Die vollständige Überarbeitung des Lehrbuches hat auch die Neufassung des
Übungsbuches erforderlich gemacht. Beide Veröffentlichungen sind mit der
9. Auflage wieder auf dem gleichen Stand. Die Euro-Einführung und eine Ak-
tualisierung des Datenmaterials wurden berücksichtigt. Grundlegende Änderun-
gen im Wechsel- und Umsatzsteuerrecht wurden eingearbeitet. Auch wurde ver-
sucht, das Übungsbuch praktikabler zu gestalten. Die Gewinnverwendung in der
GmbH und in der AG wurden als zusätzliche Übungsaufgaben aufgenommen.

Übungsaufgaben zu
A. Grundlagen

Übungsaufgabe 1:   Inventar und Bilanz

Der „Verbrauchermarkt Holab" in Mannheim erstellt gemäß § 240 HGB zum Ende des Geschäftsjahres 2002 ein Inventar. Bei der am 31. 12. vom Personal durchgeführten Inventurr werden folgende Vermögensgegenstände und Schulden, die z.T. in besonderen Listen zusammengefaßt werden, ermittelt:

Warenvorräte:

a) Lebensmittel (Anlage, Blatt 1, 2)	1 396 480,–
b) Spirituosen (Anlage, Blatt 3)	86 265,–
c) Möbel (Anlage, Blatt 4)	862 410,–
d) Konfektionsartikel (Anlage, Blatt 5)	695 280,–
e) Sportartikel (Anlage, Blatt 6)	262 110,–
f) Elektroartikel (Anlage, Blatt 7)	295 390,–
g) Drogerieartikel (Anlage, Blatt 8)	94 820,–
Schuldwechsel (Anlage, Blatt 9)	1 431 795,–
Bargeld	14 806,–
Bebaute Grundstücke (in 68 Mannheim, Auf der Wiese)	2 382 690,–
Forderungen an Kunden (Anlage, Blatt 11)	84 531,–
Langfristige Verbindlichkeiten gegenüber privaten Kreditgebern (Anlage, Blatt 12)	1 180 290,–
Bankguthaben bei der Stadtsparkasse in Mannheim	784 325,–
Betriebs- und Geschäftsausstattung (Anlage, Blatt 13)	732 800,–
Verbindlichkeiten bei Lieferern (Anlage, Blatt 14)	1 909 640,–
Postscheckguthaben, Ludwigshafen	34 200,–
Unbebaute Grundstücke (in 68 Mannheim, Auf der Wiese)	420 000,–
Verbindlichkeiten bei der Dresdner Bank, Mannheim	2 480,–
Besitzwechsel (Anlage, Blatt 10)	22 400,–
Grundschuld bei der Stadtsparkasse Mannheim	1 200 000,–
Langfristige Verbindlichkeiten bei der Commerzbank, Mhm.	380 000,–
Bankguthaben bei der Dresdner Bank, Mannheim	226 428,–

Am 31. 12. 01 ermittelt sich im Inventar des „Verbrauchermarktes Holab" ein Reinvermögen von 2 340 610,–. Während des Geschäftsjahres 2002 entnahm der Inhaber des Verbrauchermarktes der Geschäftskasse monatlich 10 000,– für private Zwecke. Im gleichen Zeitraum wurde das Kapital durch private Einlagen von insgesmat 200 000,– erhöht.

Aufgabe:

1. Erstellen Sie das Inventar!
2. Erstellen Sie die Bilanz!
3. Ermitteln Sie den betrieblichen Erfolg des Geschäftsjahres 2002!

Übungsaufgabe 2:   Verbuchung erfolgsneutraler Geschäftsvorfälle

I. Anfangsbestände zum 1. 1. 2002

Betriebs- und Geschäftsausstattung	8 600,–
Waren	11 800,–
Forderungen aus Lieferungen und Leistungen	5 900,–
Kasse	1 200,–
Postscheckkonto	880,–
Bank	10 500,–
Langfristige Verbindlichkeiten	7 500,–
Verbindlichkeiten aus Lieferungen und Leistungen	4 800,–

II. Geschäftsvorfälle:

1.	Bareinkauf von Waren	580,–
2.	Kunde begleicht seine Schuld durch Banküberweisungen	875,–
3.	Tilgung einer langfristigen Verbindlichkeit durch Banküberweisung	2 550,–
4.	Banküberweisung zum Ausgleich von Lieferantenschulden	580,–
5.	Eine gebrauchte Rechenmaschine wird bar verkauft	290,–
6.	Ein Kunde begleicht seine Schuld durch Postüberweisung	320,–
7.	Bareinzahlung auf das betriebliche Bankkonto	200,–
8.	Zielverkauf von Waren	790,–
9.	Umwandlung einer Lieferschuld in eine langfristige Verbindlichkeit	700,–
10.	Kauf einer Karteieinrichtung gegen Bankscheck	830,–
11.	Zahlung an Lieferer	
	durch Banküberweisung	780,–
	durch Postüberweisung	380,–
12.	Barverkauf von Waren	370,–
13.	Barverkauf einer Schreibmaschine	490,–
14.	Privateinlage auf das betriebliche Bankkonto	3 400,–

Aufgabe:

1. Erstellen Sie die Eröffnungsbilanz zum 1. 1. 2002 und eröffnen Sie die Bestandskosten!
2. Geben Sie die Buchungssätze zu den laufenden Geschäftsvorfällen an!
3. Verbuchen Sie die Geschäftsvorfälle in den Konten; verweisen Sie auf die Buchungssätze!
4. Erstellen Sie die Schlußbilanz zum 31. 12. 2002!

Übungsaufgabe 3:   Buchungssätze

I. Wie lauten die Buchungssätze zu den folgenden Geschäftsvorfällen?   €

1.	Wir begleichen eine Rechnung durch Banküberweisung	1 800,–
2.	Barkauf von Waren	2 600,–
3.	Kauf einer Schreibmaschine gegen Bankscheck	920,–
4.	Wir begleichen unsere Verbindlichkeiten aus Lieferungen durch Postüberweisung	640,–
5.	Bareinzahlung auf Bankkonto	1 160,–
6.	Zieleinkauf von Waren	3 860,–
7.	Wir begleichen eine Darlehensschuld durch Banküberweisung	6 000,–
8.	Kauf eines unbebauten Grundstücks gegen Bankscheck	45 000,–
	und gegen bar	4 000,–
9.	Barverkauf eines gebrauchten Tischcomputers	5 000,–
10.	Kunde begleicht eine fällige Rechnung	
	durch Postüberweisung	280,–
	durch Banküberweisung	600,–
11.	Barabhebung vom Bankkonto	200,–
12.	Wir nehmen ein langfristiges Bankdarlehen auf und erhalten in bar	4 000,–
	auf unserem Bankkonto gutgeschrieben	6 000,–
13.	Zieleinkauf eines Lastkraftwagens	32 000,–
14.	Wir begleichen eine langfristige Verbindlichkeit durch Banküberweisung	1 600,–
	und Barzahlung	290,–
15.	Wir begleichen eine fällige Rechnung durch Banküberweisung	340,–

II. Welche Geschäftsvorfälle liegen folgenden Buchungssätzen zugrunde?

1.	Bank an Postscheck			1 000,–
2.	Langfristige Verbindlichkeiten an Kasse			5 000,–
3.	Kurzfristige Verbindlichk. 7 000,–		an langfristige Verb.	6 000,–
			an Kasse	1 000,–
4.	Betriebs- und Geschäftsausstattung 2 500,–		an Kasse	500,–
			an Bank	2 000,–
5.	Postscheck	500,–		
	Bank	1 400,–		
	Kasse	300,–	an Forderungen aus L.u.L.	2 200,–
6.	Bebaute Grundstücke an langfristige Verbindlichkeiten			10 000,–
7.	Kasse an Betriebs- und Geschäftsausstattung			900,–
8.	Langfristige Verbindlichkeiten an Bank			3 000,–
9.	Waren an Verbindlichkeiten aus L.u.L.			1 000,–
10.	Verbindlichkeiten a. L.u.L. 2 000,–		an Postscheck	1 400,–
			an Bank	600,–
11.	Forderungen aus L.u.L. an Betriebs- und Geschäftsausstattung			500,–
12.	Postscheck an Bank			100,–
13.	Waren an Kasse			200,–
14.	Eigenkapital an Bank			1 000,–
15.	Postscheck an Kasse			300,–

Übungsaufgabe 4:   Getrennte Verbuchung privater und betrieblicher Eigenkapitalveränderungen

Der Handelsvertreter Jürgen Emsig eröffnet am 3. 8. 2002 seine Unternehmung:
Bei der Inventur stellt er folgende Bestände fest:

Betriebs- und Geschäftsausstattung	6 300,–
1 Personenkraftwagen	5 600,–
Kassenbestand	8 000,–
Guthaben bei der Commerzbank Mannheim	25 000,–
Darlehensschuld bei der Stadtsparkasse Mannheim	10 000,–

Bis zum 31. 12. 2002 ereignen sich folgende Geschäftsvorfälle:

1.	Einzahlung aus der Kasse auf das Bankkonto	1 900,–
2.	Barkauf eines Schreibtisches	1 200,–
3.	In bar erhaltene Provisionszahlung	600,–
4.	Die Zinsen für das Darlehen bei der Stadtsparkasse werden überwiesen	80,–
5.	Tanken gegen Barzahlung	43,–
6.	Privatentnahme vom betrieblichen Bankkonto	5 000,–
7.	Die Telefongebühren werden abgebucht	365,–
8.	Provision geht auf dem Bankkonto ein	1 300,–
9.	Bareinkauf von Büromaterialien, die zum sofortigen Verbrauch bestimmt sind (Schreibmaschinenpapier u.ä.)	490,–
10.	Barzahlung der Kraftfahrzeugversicherung	243,–
11.	Zahlung von Lohn an Putzfrau in bar	180,–
12.	Die Commerzbank schreibt die Zinsen gut	430,–
13.	Überweisung der Stromkosten	192,–
14.	Bareinlage von Jürgen Emsig	2 000,–
15.	Provisionszahlung geht bar ein	2 600,–

Aufgabe:

1. Erstellen Sie die Eröffnungsbilanz zum 3. 8. 2002!
2. Geben Sie die Buchungssätze für die Eröffnungsbuchungen und die Buchungssätze für die laufenden Geschäftsvorfälle an. Verbuchen Sie dabei privat veranlaßte Eigenkapitalveränderungen auf dem Privatkonto und betrieblich veranlaßte Eigenkapitalveränderungen auf dem Erfolgskonto!
3. Nehmen Sie eine Verbuchung auf T-Konten vor! Schließen Sie die Unterkonten über die zugehörigen Hauptkonten ab! Wie hoch ist der Gewinn des Rumpfgeschäftsjahres?
4. Erstellen Sie für das Rumpfgeschäftsjahr die Schlußbilanz zum 31. 12. 2002!

Übungsaufgabe 5: Verbuchung auf gesonderte Aufwands- und Ertragkonten

Herr Stromer ist Immobilienmakler und vermittelt gegen Provision Wohnungen. Zu diesem Zweck hat er in der Innenstadt einen Büroraum angemietet.

Außerdem vermietet Herr Stromer ein eigenes Haus, in dem er selbst nicht wohnt. Dieses Haus erscheint in der Bilanz als bebautes Grundstück, während die als Betriebs- und Geschäftsausstattung ausgewiesene Position die Ausstattung seines Stadtbüros beinhaltet.

Um die Quellen seines Erfolges kontrollieren zu können, führt Herr Stromer neben den Bestandskonten folgende Erfolgskonten (Aufwands- und Ertragskonten):

Haus- und Grundstücksaufwand, Büroaufwand, Haus- und Grundstücksertrag, Provisionsertrag.

A	Bilanz zum 1. 1. 2002		P
Bebaute Grundstücke	350 000,– €	Eigenkapital	297 880,– €
Betr.- u. Gesch.ausst.	38 000,– €	Verbindl. aus L.u.L.	103 000,– €
Forderungen aus L.u.L.	6 850,– €		
Kasse	1 690,– €		
Bank	4 340,– €		
	400 880,– €		400 880,– €

Während des Geschäftsjahres ereignen sich folgende Geschäftsvorfälle:

		€
1.	Herr Stromer vermittelt eine Wohnung und streicht Provision in bar ein	800,–
2.	Die Telefongebühren seines Stadtbüros werden abgebucht	384,–
3.	Die Putzfrau für das Büro wird bar bezahlt	250,–
4.	Aus der Vermietung seines eigenen Hauses gehen auf dem Bankkonto ein	1 500,–
5.	Ein Kunde begleicht seine Verbindlichkeit durch Banküberweisung	1 250,–
6.	Herr Stromer vermittelt einen leerstehenden Wohnblock. Die Provision wird dem Kunden gestundet.	5 600,–
7.	Der Hausflur seines Hauses wird renoviert. Der Betrag wird per Bank überwiesen.	5 000,–
8.	Mieteinnahmen in bar	750,–
9.	Privatentnahme aus der Kasse	560,–
10.	Das Haus erhält einen neuen Außenputz. Der Betrag wird Herrn Stromer gestundet.[1]	20 000,–
11.	Die Stromrechnung für das Stadtbüro wird bar bezahlt	165,–
12.	Für Vermittlungstätigkeit erhält Herr Stromer in bar	2 100,–
	auf das Bankkonto überwiesen	1 850,–
13.	Die Miete für das Stadtbüro wird bar bezahlt	500,–
14.	Mieteinnahme in bar	750,–

---

[1] Es sei unterstellt, es handle sich um Erhaltungs- und nicht um aktivierungspflichtigen Herstellungsaufwand.

15. Herr Stromer entnimmt den gesamten Kassenbestand für private
    Zwecke

Aufgabe:
1. Geben Sie die Buchungssätze für die laufenden Geschäftsvorfälle an und verbuchen Sie auf T-Konten!
2. Schließen Sie die Konten ab, ermitteln Sie den betrieblichen Erfolg und erstellen Sie das Schlußbilanzkonto!
3. Interpretieren Sie das Ergebnis!

B. Typische Buchungsfälle in Handelsunternehmen

Übungsaufgaben 6–8

Übungsaufgabe 6:   Unterschiedliche Methoden der Verbuchung des Warenverkehrs

In allen Fällen wird von einer Bilanz ausgegangen, in der dem Warenanfangsbestand in gleicher Höhe Eigenkapital gegenübersteht. Die notwendigen Konten
sind selbständig zu eröffnen. Die Geschäftsvorfälle werden in chronologischer
Reihenfolge aufgeführt, die Inventurendbestände stimmen mit den buchmäßigen
Endbeständen überein.

1. Nettomethode mit Inventur: €

   Warenanfangsbestand   30 000 Stück je   3,—
a. Zieleinkauf von Waren   5 000 Stück je   2,50
b. Zielverkauf von Waren   6 000 Stück je   5,50
c. Zieleinkauf von Waren   10 000 Stück je   2,—
d. Zielverkauf von Waren   15 000 Stück je   5,50
   Warenendbestand laut Inventur   je   3,—

2. Bruttomethode mit Inventur: €

   Warenanfangsbestand   20 000 Stück je   6,90
a. Zielverkauf von Waren   10 000 Stück je   10,10
b. Zielverkauf von Waren   10 000 Stück je   10,20
c. Zieleinkauf von Waren   15 000 Stück je   7,50
d. Zielverkauf von Waren   7 500 Stück je   10,50
e. Zielverkauf von Waren   5 000 Stück je   10,30
   Warenendbestand laut Inventur   je   7,50

3. Nettomethode ohne Inventur: €

   Warenanfangsbestand   10 000 kg à   1,50
a. Zielverkauf von Waren   5 000 kg à   2,20
b. Zielverkauf von Waren   3 000 kg à   2,—
c. Zieleinkauf von Waren   12 000 kg à   1,50
d. Zielverkauf von Waren   7 000 kg à   2,10
e. Zieleinkauf von Waren   3 000 kg à   1,60

4. Bruttomethode ohne Inventur:

			€
Warenanfangsbestand		8 000 kg à	6,80
a. Zieleinkauf von Waren		2 000 kg à	6,80
b. Zielverkauf von Waren		3 000 kg à	9,50
c. Zieleinkauf von Waren		5 000 kg à	6,80
d. Zielverkauf von Waren		8 000 kg à	10,—
e. Zieleinkauf von Waren		1 000 kg à	7,—

5. Nettomethode mit Inventur:

Es soll unterstellt werden, daß der mengenmäßige Warenendbestand mit den durchschnittlichen Anschaffungskosten der Periode bewertet wird (Periodendurchschnittsverfahren).

		€
Warenanfangsbestand	6 000 kg à	7,20
a. Zieleinkauf von Waren	3 000 kg à	7,50
b. Zielverkauf von Waren	7 000 kg à	9,50
c. Zieleinkauf von Waren	4 000 kg à	7,95
d. Zielverkauf von Waren	2 000 kg à	10,—
e. Zielverkauf von Waren	2 000 kg à	9,50

6. Bruttomethode ohne Inventur:

Es soll unterstellt werden, daß sich die Wareneinstandswerte der verkauften Waren als Durchschnittspreise der zuvor eingekauften Waren ermitteln (gleitendes Durchschnittsverfahren).

		€
Warenanfangsbestand	6 000 Stück je	5,—
a. Zieleinkauf von Waren	4 000 Stück je	6,—
b. Zielverkauf von Waren	5 000 Stück je	9,—
c. Zielverkauf von Waren	5 000 Stück je	6,20
d. Zielverkauf von Waren	9 000 Stück je	9,90
e. Zieleinkauf von Waren	1 000 Stück je	6,40
f. Zielverkauf von Waren	500 Stück je	10,—

Übungsaufgabe 7: Verbuchung von Bezugskosten, Preisnachlässen und Rücksendungen

A	Bilanz t_0		P
Kasse	10 000,— €	Eigenkapital	10 000,— €
	10 000,— €		10 000,— €

Außer diesen Positionen sind folgende Konten zu eröffnen:

Forderungen aus Lieferungen und Leistungen, Bank, Verbindlichkeiten aus Lieferungen und Leistungen, Wareneinkauf, Warenverkauf, Erlösberichtigungen, Bezugskosten, Rücksendungen von Kunden, Rücksendungen an Lieferanten, Preisnachlässe von Lieferanten, Gewinn und Verlust, Schlußbilanzkonto.

Folgende Geschäftsvorfälle sind zu verbuchen: €

1. Wareneinkauf auf Ziel   8 000,–
   Der Lieferant stellt uns 10% Bezugskosten für die Lieferung in
   Rechnung.
2. In (1) wurde mangelhafte Ware geliefert; der Lieferant gewährt
   uns einen Preisnachlaß von 30% auf den Warenwert.
3. Warenverkauf gegen Barzahlung   4 000,–
4. Wir haben versehentlich in (3) falsche Waren für   1 000,–
   verschickt. Wir lassen diese durch einen Spediteur beim Kunden
   abholen. Die Transportkosten zahlen wir in bar   200,–
   In Höhe des Wertes der zurückgeholten Waren bleiben wir in der
   Schuld des Kunden.
5. Wareneinkauf auf Ziel   2 000,–
   Der Lieferant stellt uns 10% Bezugskosten für die Lieferung frei
   Haus in Rechnung.
6. Der Kunde in (3) und (4) kauft Waren und holt sie selbst ab   2 000,–
   Die noch verbleibende Schuld bezahlt er durch Banküberweisung.
7. (zu 6) Der Warenposten war mangelhaft; es wird ein Preisnachlaß
   von 5% gewährt, der dem Kunden per Bank überwiesen wird.
8. Die Hälfte der in (5) gelieferten Ware war falsch. Der Lieferant
   holt diesen Teil auf eigene Kosten ab und gewährt uns eine Barvergütung
   der anteiligen Bezugskosten.
9. Den verbleibenden Schuldbetrag aus (5) und (8) begleichen wir
   durch Banküberweisung.
10. Warenverkauf auf Ziel   3 000,–
11. Wegen mangelhafter Ware gewähren wir dem Kunden aus (10)
    einen Preisnachlaß von 20%.
12. Der Kunde aus (10) und (11) begleicht die verbleibende Schuld durch
    Barzahlung.
13. Wareneinkauf auf Ziel;   2 000,–
    Die Bezugskosten in Höhe von 10% des Warenwertes bezahlen
    wir bar.
14. Wegen mangelhafter Ware aus (13) wird uns ein Preisnachlaß
    von 15% gewährt.
15. Warenverkauf auf Ziel   1 000,–
16. Dem Kunden in (15) wurde versehentlich falsche Ware gesandt.
    Die Ware wird zu unseren Lasten zurückgeschickt.
    Die Versandkosten bezahlen wir in bar   100,–
    Gleichzeitig übermitteln wir dem Kunden die richtige Ware. Auch
    hier tragen wir die Versandkosten, wir bezahlen mit einem
    Bankscheck.   100,–
17. Die dem Kunden in (15) und (16) gesandte Ware war mangelhaft.
    Wir gewähren einen Preisnachlaß von 10%.
18. Der Kunde (in 15), (16) und (17) begleicht seine Schuld durch
    Barzahlung.
19. Warenverkauf auf Ziel   2 000,–
    Vertragsgemäß übernehmen wir die Versandkosten, die wir in
    bar bezahlen   180,–
20. Der durch Inventur ermittelte Warenendbestand ohne anteilige
    Bezugskosten beträgt   3 000,–

Aufgabe:
1. Geben Sie die Buchungssätze für die laufenden Geschäftsvorfälle an!
2. Verbuchen Sie die Geschäftsvorfälle nach der Nettomethode mit Inventur!
3. Erstellen Sie das Schlußbilanzkonto und die Gewinn- und Verlustrechnung!

Übungsaufgabe 8:   Skonti, Boni, Rabatte

Ein Elektrogroßhandelsgeschäft hat sich auf den An- und Verkauf von Fernseh- und Radiogeräten spezialisiert und führt entsprechend differenzierte Warenkonten.

Der Verbuchung der laufenden Geschäftsvorfälle sind folgende Anfangsbestände zugrunde zu legen:

	€		€
Betriebs- und Gesch.ausst.	25 000,−	Eigenkapital	70 000,−
Waren R (Radiogeräte)	20 000,−	Verbindlichkeiten	
Waren F (Fernsehgeräte)	25 000,−	aus L.u.L	30 000,−
Forderungen aus L.u.L.	10 000,−		
Bank	15 000,−		
Kasse	5 000,−		

Geschäftsvorfälle: €

1. Zielverkauf von Radiogeräten — 2 000,−
2. Zieleinkauf von Fernsehgeräten — 5 000,−
   Die Bezugskosten in Höhe von 10% auf den Warenwert werden bar bezahlt.
3. (zu 1): wegen beschädigter Ware wird ein Preisnachlaß von 500,− gewährt; der Kunde überweist den Restbetrag unter Abzug von 3% Skonto.
4. Zieleinkauf von Radiogeräten — 3 000,−
   Die Bezugskosten in Höhe von 5% werden bar bezahlt.
5. Barverkauf von Fersehgeräten; — 2 500,−
   Es wird ein Rabatt in Höhe von 10% gewährt.
6. (zu 2): Wir überweisen den Rechnungsbetrag unter Abzug von 2% Skonto.
7. Eines der in (5) verkauften Fernsehgeräte wies leichte Mängel auf.
   Wir gewähren eine Bankgutschrift — 200,−
8. (zu 4): Wir begleichen den Rechnungsbetrag unter Abzug von 3% Skonto per Banküberweisung.
9. Zielverkauf von Fersehgeräten — 3 000,−
10. (zu 9): Der Kunde begleicht die Rechnung unter Abzug von 3% Skonto per Bank.
11. Der Radiolieferant gewährt einen Treuebonus in bar — 500,−
12. Privatentnahme in bar — 3 000,−

Endbestände laut Inventur:

a) Waren R (Radiogeräte), reiner Warenwert ohne anteilige Bezugskosten — 21 000,−

b) Waren F (Fernsehgeräte), reiner Warenwert ohne anteilige
    Bezugskosten   25 000, –

Aufgabe:

Führen Sie einen geschlossenen Buchungsgang durch; verwenden Sie dabei die
Nettomethode mit Inventur!

C. Typische Buchungsfälle in Industriebetrieben

Übungsaufgaben 9–12

Übungsaufgabe 9:   Verbuchung industrieller Erzeugnisse

Anfangsbestände:	€		€
Kasse	7 000, –	Eigenkapital	39 000, –
Bankguthaben	19 000, –	Verbindlichkeiten aus	
Rohstoffe	10 000, –	L.u.L.	13 000, –
Hilfsstoffe	3 000, –		
Betriebsstoffe	1 000, –		
Forderungen aus L.u.L.	12.000, –		

Außerdem sind folgende Konten zu eröffnen:

500 Umsatzerlöse, 600 Aufwand für Rohstoffe, 602 Aufwand für Hilfsstoffe, 603
Aufwand für Betriebsstoffe, 616 Reparatur und Instandhaltung, 620 Löhne und
Gehälter, 680 Büromaterial, 800 Eröffnungsbilanzkonto, 802 Gewinn- und Ver-
lust, 801 Schlußbilanzkonto.

Geschäftsvorfälle:

1. Zieleinkauf von Rohstoffen   2 500, –
2. Lohnzahlung in bar   5 200, –
3. Zielverkauf von Fertigerzeugnissen   1 400, –
4. Die Reparatur einer Maschine wird durch Banküberweisung bezahlt   350, –
5. Kauf von Büromaterial gegen Barzahlung (es wird sofortiger
    Verbrauch unterstellt)   250, –
6. Kunden begleichen Rechnungen durch Banküberweisung   8 500, –
7. Entnahme von Rohstoffen für die Produktion   3 100, –
8. Entnahme von Betriebsstoffen für die Produktion   400, –
9. Verbrauch von Hilfsstoffen   900, –
10. Verkauf der gesamten Fertigerzeugnisse auf Ziel   11 500, –

Die Inventurwerte entsprechen den Kontensalden.

Aufgabe:

Führen Sie einen geschlossenen Buchungsgang durch!

Übungsaufgabe 10: Bestandsveränderungen an fertigen und unfertigen Erzeugnissen

Anfangsbestände:

Grundstücke mit Geb.	70 000,–	Eigenkapital	140 000,–
Maschinen	60 000,–	Verbindlichkeiten aus	
Betriebs- und Gesch.ausst.	20 000,–	L.u.L.	60 000,–
Rohstoffe	15 000,–		
Unfertige Erzeugnisse	4 000,–		
Fertigerzeugnisse	6 000,–		
Forderungen aus L.u.L.	8 000,–		
Kasse	3 000,–		
Bank	14 000,–		

Außerdem sind folgende Konten zu eröffnen:

2001 Anschaffungsnebenkosten für Rohstoffe, 500 Umsatzerlöse, 518 andere Erlösberichtigungen, 52 Bestandsveränderungen, 600 Aufwand für Rohstoffe, 620 Löhne und Gehälter, 802 Gewinn- und Verlustkonto, 801 Schlußbilanzkonto.

Geschäftsvorfälle:

1. Rohstoffentnahme für die Herstellung	3 000,–
2. Banküberweisung von Kunden für Forderung über abzüglich 2% Skonto.	2 500,–
3. Einkauf von Rohstoffen auf Ziel	2 100,–
4. (zu 3): Die Fracht wird bar bezahlt	75,–
5. Die Löhne werden per Bank überwiesen	8 000,–
6. Verkauf von Fertigerzeugnissen auf Ziel	15 000,–
7. (zu 6): Kunde sendet Erzeugnisse im Verkaufswert von zurück.	600,–

Abschlußangaben:

Endbestände laut Inventur:

a) Unfertige Erzeugnisse	4 500,–
b) Fertige Erzeugnisse	2 500,–

Im übrigen stimmen die Buchbestände mit den Inventurwerten überein.

Aufgabe:

Führen Sie einen geschlossenen Buchungsgang durch!

Übungsaufgabe 11: Verbuchung industrieller Erzeugnisse

A		Eröffnungsbilanz		P
05	Grundstücke und	€		€
	Gebäude	160 000,–	300 Eigenkapital	227 000,–
07	Maschinen	54 000,–	410 Langfristige	
08	Betriebs- und		Darlehen	189 000,–
	Geschäftsausst.	40 000,–	440 Verbindlichkeiten	
200	Rohstoffe	25 000,–	aus Lieferungen	68 000,–
202	Hilfsstoffe	10 000,–		
203	Betriebsstoffe	6 000,–		
210	Unfertige Erzeugnisse	60 000,–		
220	Fertigerzeugnisse	40 000,–		
240	Forderungen aus			
	Lieferungen	23 000,–		
280	Bank	37 000,–		
288	Kasse	29 000,–		
		484 000,–		484 000,–

Geschäftsvorfälle:

1. Kauf von Rohstoffen im Warenwert von 5000 € auf Ziel. Die Transportkosten in Höhe von 400 € bezahlen wir dem Spediteur bar aus.
2. Verkauf von 600 Stück Fertigerzeugnissen per Banküberweisung.
3. Die Lieferung aus Nr. 2 erweist sich als mangelhaft. Wir gewähren einen Preisnachlaß von 20%, den wir bar ausbezahlen.
4. Rohstoffe im Wert von 22 000 €, Hilfsstoffe im Wert von 5 000 € und Betriebsstoffe im Wert von 3 000 € verlassen das Lager und gehen in die Produktion ein.
5. 100 Stück unfertige Erzeugnisse verlassen die Produktion und gehen auf Lager.
6. Kauf von Hilfsstoffen im Warenwert von 10 000 € auf Ziel. Der Lieferant räumt uns einen Rabatt in Höhe von 2% ein.
7. Die Hiffsstoffe aus Nr. 6 erweisen sich als mangelhaft. Der Lieferant gewährt uns daher einen Preisnachlaß in Höhe von 30%, den wir mit den noch bestehenden Verbindlichkeiten verrechnen.
8. Wir bezahlen die Rohstoffe aus Nr. 1 per Banküberweisung unter Abzug von 5% Skonto.
9. 80 Stück Fertigerzeugnisse verlassen die Produktion und gehen auf Lager.
10. Kauf von Rohstoffen im Warenwert von 10 000 € per Kasse.
11. Verkauf von 300 Stück Fertigerzeugnissen auf Ziel.
12. Der Kunde aus Nr. 11 überweist den Kaufpreis unter Abzug von 2% Skonto perBank.
13. Rohstoffe im Wert von 3 000 € verlassen das Lager und gehen in die Produktion ein.
14. 90 Stück unfertige Erzeugnisse verlassen das Lager und werden der Produktion zugeführt.
15. Unser Rohstofflieferant gewährt uns einen Umsatzbonus in Höhe von 1000 €, den er uns per Bank überweist.
16. Privatentnahme über das betriebliche Bankkonto in Höhe von 15 000 €.

Weitere Angaben: Die Verkaufpreise der Fertigerzeugnisse betragen 98 €, die Herstellungswerte der Fertigerzeugnisse 39 € und die Herstellungswerte der unfertigen Erzeugnisse 30 €. Die fertigen und unfertigen Erzeugnisse sind nach der Methode ohne Inventur (laufende Bestandsfortschreibung) zu verbuchen.

Aufgabe:

Führen Sie einen geschlossenen Buchungsgang auf T-Konten durch.

Übungsaufgabe 12:   Verbuchung industrieller Erzeugnisse

I. Anfangsbestände:

	€
Bebaute Grundstücke	100 000,–
Maschinen	35 000,–
Betriebs- und Geschäftsausstattung	12 000,–
Unfertige Erzeugnisse	18 000,–
Fertige Erzeugnisse	16 000,–
Rohstoffe	15 000,–
Hilfsstoffe	3 000,–
Forderungen aus Lieferungen und Leistungen	25 000,–
Kasse	6 000,–
Bank	14 000,–
Eigenkapital	149 000,–
Verbindlichkeiten aus Lieferungen und Leistungen	95 000,–

Außerdem sind folgende Konten zu führen:

2001 Anschaffungsnebenkosten für Rohstoffe, 2002 Preisnachlässe für Rohstoffe, 3002 Privat, 500 Umsatzerlöse, 518 andere Erlösberichtigungen, 520 Bestandsveränderungen, 600 Aufwand Rohstoffe, 602 Aufwand Hilfsstoffe, 616 Reparaturen, 620 Löhne und Gehälter, 680 Büromaterial, 693 sonstige Aufwendungen, 802 Gewinn und Verlust, 801 Schlußbilanzkonto.

Bei den unfertigen und fertigen Erzeugnissen wird der Endbestand buchmäßig festgestellt, es soll also die Verbuchungsmethode ohne Inventur zur Anwendung kommen.

II. Geschäftsvorfälle:

		€
1.	Zieleinkauf von Rohstoffen für	3 000,–
	Die Anschaffungsnebenkosten in Höhe von 10% werden bar bezahlt.	
2.	Die Kosten einer Maschinenreparatur in Höhe von	700,–
	werden per Bank überwiesen	
3.	Die Telefongebühren werden vom Bankkonto abgebucht	190,–
4.	Fertigerzeugnisse im Herstellungskostenwert von	5 000,–
	werden dem Lager entnommen und auf Ziel verkauft	8 000,–
5.	Rohstoffe gehen in die Produktion ein	5 000,–
6.	Der Kunde aus (4) überweist den Rechnungsbetrag unter Abzug von 3% Skonto.	

7. Löhne und Gehälter in Höhe von 800,– werden bar bezahlt.
8. Der Unternehmer entnimmt Fertigerzeugnisse im Herstellungskostenwert von   3 000,–
9. Unfertige Erzeugnisse im Wert von   6 000,–
   werden zur Weiterverarbeitung in die Produktion gebracht.
10. Rohstoffe gehen in die Produktion ein   1 000,–
11. Löhne und Gehälter werden per Bank überwiesen   2 000,–
12. Fertigerzeugnisse im Herstellungskostenwert von   9 000,–
    verlassen die Produktion und werden dem Fertigerzeugnislager
    zugeführt.
13. Einkauf von Rohstoffen auf Ziel   2 200,–
    incl. Anschaffungsnebenkosten von 200,–
14. Wegen mangelhafter Ware in (13) wird ein Preisnachlaß gewährt   500,–
15. Bareinkauf von Büromaterial für den sofortigen Verbrauch   250,–
16. Rohstoffe gehen in die Produktion ein   3 000,–
17. Unfertige Erzeugnisse verlassen die Produktion und werden dem
    Lager zugeführt   5 000,–
18. Die unfertigen Erzeugnisse aus (17) werden auf Ziel veräußert   7 000,–
19. Dem Kunden aus (18) wird ein Preisnachlaß von 10% wegen
    mangelhafter Ware gewährt.
20. Der Kunde aus (18 und 19) überweist die Restschuld unter Abzug
    von 3% Skonto.

III. Abschlußangaben:

a) Endbestand laut Inventur: Hilfsstoffe   2 000,–
b) Es wird ein Kassenfehlbetrag festgestellt   500,–
c) Der Rohstofflieferant gewährt einen Bonus von   1 000,–
   auf unsere ausstehenden Schulden.
d) Die sonstigen buchmäßigen Endbestände stimmen mit den Inventurwerten
   überein.

Aufgabe:

Führen Sie einen geschlossenen Buchungsgang durch!

D. Die Verbuchung der Umsatzsteuer

Übungsaufgaben 13–14

Übungsaufgabe 13:   Umsatzsteuergrundfälle

I. Anfangsbestände: €

Maschinen   60 000,–
Betriebs- und Geschäftsausstattung   20 000,–
Rohstoffe   40 000,–
Unfertige Erzeugnisse   12 000,–
Fertigerzeugnisse   8 000,–

Forderungen aus Lieferungen und Leistungen	14 000,–
Kasse	6 000,–
Bank	25 000,–
Eigenkapital	150 000,–
Verbindlichkeiten aus Lieferungen und Leistungen	35 000,–

Außerdem sind folgende Konten zu führen:

2001 Anschaffungsnebenkosten für Rohstoffe, 260 Vorsteuer, 480 sonstige Verbindlichkeiten, 481 Mehrwertsteuer, 482 Umsatzsteuer – Verrechnungskonto, 500 Umsatzerlöse, 52 Bestandsveränderungen, 600 Aufwand für Rohstoffe, 620 Löhne und Gehälter, 680 Büromaterial, 802 Gewinn und Verlust, 801 Schlußbilanzkonto.

Bei den unfertigen und fertigen Erzeugnissen wird der Endbestand mit Hilfe der Inventur festgestellt. Es soll also die Verbuchungsmethode mit Inventur zur Anwendung kommen.

II. Geschäftsvorfälle: (Steuersatz: 10%)
€

1. Zieleinkauf von Rohstoffen, netto	4 200,–
Umsatzsteuer	420,–
2. Barzahlung der Eingangsfrachten zu (1), netto	300,–
Umsatzsteuer	30,–
3. Banküberweisung an Lieferer	6 400,–
4. Zieleinkauf von Rohstoffen, netto	2 000,–
Umsatzsteuer	200,–
5. Zielverkauf von Fertigerzeugnissen, netto	17 600,–
Umsatzsteuer	1 760,–
6. Banküberweisung der Löhne und Gehälter	7 000,–
7. Rohstoffverbrauch laut Materialentnahmeschein	13 000,–
8. Banküberweisung von Kunden	18 000,–
9. Zielverkauf von Fertigerzeugnissen, netto	8 000,–
Umsatzsteuer	800,–
10. Bareinkauf von Büromaterial, netto	90,–
Umsatzsteuer	9,–

III. Abschlußangaben:

1. Endbestände laut Inventur: a) Unfertige Erzeugnisse   10 000,–
                                 b) Fertige Erzeugnisse   14 000,–
   Im übrigen stimmen die Buchbestände mit den Endbeständen überein.
2. Die Umsatzsteuerzahllast ist zu ermitteln und zu passivieren.

Aufgabe:

Führen Sie einen geschlossenen Buchungsgang durch!

Übungsaufgabe 14: Verbuchung der Umsatzsteuer bei nachträglichen Minderungen des Entgelts

I. Anfangsbestände: €

Maschinen und maschinelle Anlagen	65 000,–
Betriebs- und Geschäftsausstattung	38 500,–
Kasse	12 800,–
Bank	26 600,–
Rohstoffe	42 000,–
Hilfsstoffe	23 000,–
Betriebsstoffe	6 000,–
Unfertige Erzeugnisse	18 000,–
Fertige Erzeugnisse	27 500,–
Forderungen aus Lieferungen und Leistungen	42 600,–
Eigenkapital	248 000,–
Verbindlichkeiten aus Lieferungen und Leistungen	54 000,–

Außerdem sind folgende Konten zu führen:

2001 Anschaffungsnebenkosten für Rohstoffe, 2002 Preisnachlässe von Lieferanten, 2021 Anschaffungsnebenkosten für Hilfsstoffe, 260 Vorsteuer, 3002 Privat, 481 Mehrwertsteuer, 482 Umsatzsteuerverrechnung, 500 Umsatzerlöse, 518 andere Erlösberichtigungen, 52 Bestandsveränderungen, 600 Aufwand Rohstoffe, 620 Löhne und Gehälter, 670 Mieten, 676 Provisionen, 802 Gewinn und Verlust, 801 Schlußbilanzkonto.

Die unfertigen und fertigen Erzeugnisse sind nach der Methode mit Inventur zu verbuchen.

II. Geschäftsvorfälle: €

1. Zieleinkauf von Rohstoffen, netto   11 000,–
    Umsatzsteuer   1 100,–
2. Eingangsfrachten zu (1) werden bar bezahlt, netto   150,–
    Umsatzsteuer   15,–
3. Banküberweisung an Lieferanten aus (1) unter Abzug von 2% Skonto.
4. Verbrauch von Rohstoffen laut Materialentnahmeschein   11 900,–
5. Privatentnahme von Fertigerzeugnissen im Wert von   500,–
    Umsatzsteuer   50,–
6. Barzahlung von Löhnen und Gehältern   3 200,–
7. Zieleinkauf von Hilfsstoffen, netto   4 900,–
    Umsatzsteuer   490,–
8. (zu 7) Fracht und Rollgelder werden bar bezahlt, netto   130,–
    Umsatzsteuer   13,–
9. Zielverkauf von Fertigerzeugnissen an verschiedene Kunden,
    netto   57 500,–
    Umsatzsteuer   5 750,–
10. Ein Kunde aus (9) erhält eine Gutschrift wegen mangelhafter
    Ware von 20% auf den Rechnungsbetrag (incl. Umsatzsteuer) von   2 200,–

11.	Vertreter erhält Provision durch die Bank überwiesen, netto	2 100,–
	Umsatzsteuer	210,–
12.	Diverse Kunden aus (9) begleichen den insgesamten Rechnungsbetrag von 33 000,– (incl. Umsatzsteuer) unter Abzug von 2% Skonto durch die Bank.	
13.	Zahlung der Geschäftsmiete durch Banküberweisung	3 750,–
14.	Zieleinkauf von Rohstoffen, netto	5 000,–
	Umsatzsteuer	500,–
15.	Rücksendung beschädigter Rohstoffe im Nettowert von	1 000,–
16.	Barverkauf von Fertigerzeugnissen, netto	2 000,–
	Umsatzsteuer	200,–
17.	Kunde schickt beschädigte Erzeugnisse im Nettowert von zurück. Die Gutschrift erfolgt per Bank.	500,–
18.	Privatentnahme von Fertigerzeugnissen im Wert von	600,–
	Umsatzsteuer	60,–
19.	Diversen Kunden wird ein Umsatzbonus von 2% in Form einer Gutschrift auf ausstehende Forderungsbeträge von (incl. Umsatzsteuer) gewährt.	44 000,–
20.	Bareinkauf eines Schreibtisches, netto	2 300,–
	Umsatzsteuer	230,–

III. Abschlußangaben: €

1.	Endbestände laut Inventur: a) Hilfsstoffe	20 000,–
	b) Betriebsstoffe	5 500,–
	c) Unfertige Erzeugnisse	4 000,–
	d) Fertige Erzeugnisse	28 000,–

2. Die Umsatzsteuer-Zahllast ist per Bank an das Finanzamt abzuführen.

Im übrigen stimmen die Buchbestände mit den Inventurbeständen überein.

Aufgabe:

Führen sie einen geschlossenen Buchungsgang durch!

E. Abschreibungen auf Gegenstände des abnutzbaren Sachanlagevermögens

Übungsaufgabe 15:   Verbuchung von Abschreibungen

I. Anfangsbestände: €

Maschinen	100 000,–
Betriebs- und Geschäftsausstattung	45 000,–
Kassenbestand	17 000,–
Bankguthaben	33 000,–
Rohstoffe	35 000,–
Unfertige Erzeugnisse	8 000,–
Fertige Erzeugnisse	10 000,–
Forderungen aus Lieferungen und Leistungen	7 000,–
Eigenkapital	220 000,–
Verbindlichkeiten aus Lieferungen und Leistungen	35 000,–

Außerdem sind folgende Konten zu führen:

2001 Anschaffungsnebenkosten (= ANK) für Rohstoffe, 260 Vorsteuer, 3002 Privat, 36 Wertberichtigungen auf Sachanlagen, 481 Mehrwertsteuer, 482 Umsatzsteuerverrechnung, 500 Umsatzerlöse, 52 Bestandsveränderungen, 600 Aufwand für Rohstoffe, 620 Löhne und Gehälter, 65 Abschreibungen auf Sachanlagen, 680 Büromaterialaufwand, 802 Gewinn und Verlust, 801 Schlußbilanzkonto.

Die unfertigen und fertigen Erzeugnisse sind nach der Methode mit Inventur zu verbuchen.

II. Laufende Geschäftsvorfälle: €

1. Zieleinkauf von Rohstoffen, netto   11 000,–
   Umsatzsteuer   1 100,–
2. Die ANK zu (1) werden bar bezahlt, netto   1 000,–
   Umsatzsteuer   100,–
3. Kunden begleichen ihre Rechnungen durch Banküberweisung   5 000,–
4. Privatentnahme in bar   650,–
                        von der Bank   3 000,–
5. Zielverkauf von Fertigerzeugnissen, netto   60 000,–
   Umsatzsteuer   6 000,–
6. Banküberweisung des Rechnungsbetrages aus (1)
7. Privatentnahme von Fertigerzeugnissen, netto   300,–
   Umsatzsteuer   30,–
8. Bareinkauf von Büromaterial für den sofortigen Verbrauch   250,–
   Umsatzsteuer   25,–
9. Rohstoffverbrauch laut Materialentnahmeschein   22 000,–
10. Lohn und Gehaltsüberweisung per Bank   8 000,–

III. Abschlußangaben:

1. Abschreibungen auf Maschinen, indirekt   3 000,–
2. Abschreibungen auf Betriebs- u. Gesch.ausst., direkt   2 000,–
3. Endbestände laut Inventur: a) Unfertige Erzeugnisse   5 000,–
                               b) Fertige Erzeugnisse   11 000,–

Die Umsatzsteuer-Zahllast ist per Bank an das Finanzamt abzuführen.

Die sonstigen buchmäßigen Endbestände stimmen mit den Inventurwerten überein.

Aufgabe:

Führen Sie einen geschlossenen Buchungsgang durch!

F. Besondere Buchungsfälle

Übungsaufgaben 16–30

Übungsaufgabe 16:   Veräußerungen von Gegenständen des Anlagevermögens

I. Anfangsbestände: €

Maschinen	80 000,–
Betriebs- und Geschäftsausstattung	30 000,–
Unfertige Erzeugnisse	15 000,–
Fertige Erzeugnisse	12 000,–
Rohstoffe	13 000,–
Forderungen aus Lieferungen und Leistungen	25 000,–
Kasse	5 000,–
Bank	12 000,–
Eigenkapital	135 000,–
Verbindlichkeiten aus Lieferungen und Leistungen	32 000,–
Wertberichtigungen	25 000,–

Außerdem sind folgende Konten zu führen:

260 Vorsteuer, 481 Mehrwertsteuer, 482 Umsatzsteuerverrechnung, 52 Bestandsveränderungen, 546 Erträge aus dem Abgang von Gegenständen des Anlagevermögens, 600 Aufwand für Rohstoffe, 620 Löhne und Gehälter, 65 Abschreibungen auf Sachanlagen, 693 sonstiger Aufwand, 696 Aufwendungen aus dem Abgang von Gegenständen des Anlagevermögens, 802 Gewinn und Verlust, 801 Schlußbilanzkonto.

II. Laufende Geschäftsvorfälle: €

1. Zieleinkauf einer Maschine, netto   3 000,–
   Umsatzsteuer   300,–
2. Rohstoffe werden in die Produktion eingebracht   2 500,–
3. Eine in Konto „08 Betriebs- und Geschäftsausstattung" (= BuGa.)
   aktivierte Büromaschine (Buchwert 1 000,–) wird für   800,–
   zuzüglich Umsatzsteuer in bar veräußert.
4. Zielverkauf einer Maschine, netto   12 000,–
   Umsatzsteuer   1 200,–
   Die Anschaffungskosten der Maschine betrugen   20 000,–
   Die bisher vorgenommenen Wertberichtigungen betragen   10 000,–
5. Banküberweisung von Löhnen und Gehältern   4 000,–
6. Eine Schreibmaschine (Buchwert 600,–) wird gestohlen.
7. Rohstoffüberbestände werden zum Buchwert   3 000,–
   plus Umsatzsteuer von   300,–
   auf Ziel verkauft.

8. Eine Maschine fällt vor Erreichen der veranschlagten Nutzungs-
dauer aus. Die Anschaffungskosten betrugen   5 000,–
Die bisher vorgenommenen Wertberichtigungen belaufen sich
auf   4 000,–
9. Barverkauf einer Maschine, netto   2 000,–
Umsatzsteuer   200,–
Die Anschaffungskosten der Maschine betrugen   8 000,–
Die bisher vorgenommenen Wertberichtigungen belaufen sich
auf   7 000,–
10. Ein im Konto „08 BuGa." aktivierter Schreibtisch, Buchwert   100,–
wird für 250,– zuzüglich Umsatzsteuer bar veräußert.

III. Abschlußangaben:

1. Es wird ein Kassenfehlbetrag von 200,– festgestellt.   €
2. Direkte Abschreibung auf Konto „08 BuGa."   5 000,–
3. Indirekte Abschreibung auf Maschinen   4 000,–
4. Es ermittelt sich ein Rohstoffehlbestand von   1 000,–
5. Endbestände laut Inventur: a) Unfertige Erzeugnisse   8 000,–
                              b) Fertige Erzeugnisse   28 000,–

Die Umsatzsteuerlast ist per Bank an das Finanzamt abzuführen.

Aufgabe:

Führen Sie einen geschlossenen Buchungsgang durch!

Übungsaufgabe 17:   Betriebsübersicht

I. Unsaldierte Kontensummen   (in Tausend €)

		Soll	Haben
07	Maschinen	140	–
08	Betriebs- und Geschäftsausstattung	55	14
280	Bank	210	115
200	Rohstoffe	260	110
2001	Anschaffungsnebenkosten für Rohstoffe	25	4
2002	Preisnachlässe für Rohstoffe	–	22
210	Unfertige Erzeugnisse	32	–
220	Fertige Erzeugnisse	41	–
240	Forderungen aus Lieferungen und Leistungen	235	198
260	Vorsteuer	45	22
300	Eigenkapital	–	461
36	Wertberichtigungen	–	37
440	Verbindlichkeiten aus Lieferungen und Leistungen	115	148
480	Sonstige Verbindlichkeiten	–	–
481	Mehrwertsteuer	4	43
482	Mehrwertsteuerverrechnung	–	–
500	Umsatzerlöse	–	210
517	Boni	32	–

52	Bestandsveränderungen	–	–
600	Aufwand für Rohstoffe	105	–
65	Abschreibungen auf Anlagen	–	–
693	Sonstiger Aufwand	85	–
696	Aufwand aus dem Abgang von Gegenständen des AV	–	–

II. Abschlußangaben: €

1. Eine Maschine (Anschaffungskosten 10 000,–) wurde bisher über 4 Perioden linear indirekt abgeschrieben. Zum Ende der jetzigen 5. Periode ist der letzte Abschreibungsbetrag zu verrechnen und die Maschine auszubuchen.
2. Direkte Abschreibung auf „08 BuGa." in Höhe von   5 000,–
3. Eine im Konto „07 Maschinen" mit 12 000,– aktivierte Maschine wird für 10 000,– + Umsatzsteuer auf Ziel verkauft.
4. Wir gewähren unseren Kunden für das abgelaufene Geschäftsjahr einen Treuebonus in Höhe von 22 000,– incl. Umsatzsteuer, den wir als Zugang von Verbindlichkeiten verbuchen.
5. Schwund an Rohstoffen in Höhe von   3 000,–
6. Der Rohstofflieferant gewährt einen Umsatzbonus von   11 000,– incl. Umsatzsteuer, der mit den Verbindlichkeiten aus Lieferungen und Leistungen verrechnet wird.
7. Die Inventurbestände betragen am 31.12. für:
   a) Unfertige Erzeugnisse   38 000,–
   b) Fertige Erzeugnisse   38 000,–

Die Umsatzsteuerzahllast wird per Bank an das Finanzamt abgeführt.

Aufgabe:

Entwickeln Sie eine Betriebsübersicht!

Übungsaufgabe 18:   Betriebsübersicht

I. Unsaldierte Kontensummen   (in Tausend €)

		Soll	Haben
08	Betriebs- und Geschäftsausstattung	215	15
200	Rohstoffe	300	150
2001	Anschaffungsnebenkosten für Rohstoffe	30	5
2002	Preisnachlässe für Rohstoffe	–	20
202	Hilfsstoffe	110	60
210	Unfertige Erzeugnisse	35	–
220	Fertige Erzeugnisse	60	–
240	Forderungen aus Lieferungen und Leistungen	245	205
260	Vorsteuer	47	7
280	Bank	210	135
300	Eigenkapital	–	291
3002	Privat	25	5
36	Wertberichtigungen	–	50
440	Verbindlichkeiten aus Lieferungen und Leist.	95	145

480	Sonstige Verbindlichkeiten	–	10
481	Mehrwertsteuer	1	45
482	Umsatzsteuerverrechnung	–	–
500	Umsatzerlöse	–	450
517	Boni	10	–
52	Bestandsveränderungen	–	–
600	Aufwand für Rohstoffe	150	–
602	Aufwand für Hilfsstoffe	60	–
65	Abschreibungen auf Anlagen	–	–

II. Abschlußangaben: €

1. Indirekte Abschreibung auf „08 BuGa."   10 000,–
2. Am Jahresende wird den Kunden ein Treuebonus in Form eines
   Forderungsnachlasses von 11 000,– incl. Umsatzsteuer gewährt.
3. Dem betrieblichen Bankkonto werden für private Zwecke   8 000,–
   entnommen.
4. Der Rohstofflieferant gewährt wegen mangelhafter Lieferung einen
   Preisnachlaß von 33 000,–, den wir mit den Verbindlichkeiten aus
   L.u.L. verrechnen.
5. Fehlbestand an Rohstoffen in Höhe von   7 000,–
6. Die Inventurendbestände betragen zum 31.12.:
   a) Hilfsstoffe   45 000,–
   b) Unfertige Erzeugnisse   50 000,–
   c) Fertige Erzeugnisse   30 000,–
   Die Umsatzsteuerzahllast ist zu ermitteln und zu passivieren.

Aufgabe:
Entwickeln Sie eine Betriebsübersicht!

Übungsaufgabe 19:   Betriebsübersicht

I. Unsaldierte Kontensummen   (in Tausend €)

		Soll	Haben
08	Betriebs- und Geschäftsausstattung	235	26
200	Rohstoffe	280	140
2001	Anschaffungsnebenkosten für Rohstoffe	28	6
2002	Preisnachlässe für Rohstoffe	–	16
202	Hilfsstoffe	99	43
210	Unfertige Erzeugnisse	28	–
220	Fertige Erzeugnisse	55	–
240	Forderungen aus Lieferungen und Leistungen	255	201
260	Vorsteuer	48	6
280	Bank	198	113
300	Eigenkapital	–	227
3002	Privat	34	12
36	Wertberichtigungen	–	53
440	Verbindlichkeiten aus Lieferungen und Leist.	85	144
480	Sonstige Verbindlichkeiten	–	12
481	Mehrwertsteuer	3	59

482	Umsatzsteuerverrechnung	–	–
500	Umsatzerlöse	–	486
517	Boni	13	–
52	Bestandsveränderungen	–	–
600	Aufwand für Rohstoffe	140	–
602	Aufwand für Hilfsstoffe	43	–
65	Abschreibungen	–	–

II. Abschlußangaben: €

1. Direkte Abschreibung auf „08 BuGa." in Höhe von   6 000,–
2. Überbestände an Hilfsstoffen (Buchwert 10 000,–) werden für 11 000,– incl. Umsatzsteuer per Bank veräußert.
3. Einem Kunden wird für das abgelaufene Geschäftsjahr ein Umsatzbonus von 22 000,– incl. Umsatzsteuer gewährt.
4. Eine im Konto „08 BuGa." aktivierte Maschine, Anschaffungskosten 10 000,–, wird linear über 5 Perioden indirekt abgeschrieben. In der jetzigen 5. Periode ist der letzte Abschreibungsbetrag zu verrechnen und die Maschine auszubuchen.
5. Bei einem technischen Betriebsunfall werden Hilfsstoffe im Wert von 12 000,– zerstört.
6. Der Rohstofflieferant gewährt einen Treuebonus von 10% auf die in dieser Periode bei ihm bezogene Ware im Wert von 100 000,– plus Umsatzsteuer, der mit den Verbindlichkeiten aus Lieferungen und Leistungen verrechnet wird.
7. Die Inventurbestände betragen für:
   a) Rohstoffe   65 000,–
   b) Unfertige Erzeugnisse   18 000,–
   c) Fertige Erzeugnisse   57 000,–
8. Die Umsatzsteuer-Zahllast ist zu ermitteln und per Bank an das Finanzamt abzuführen.

Aufgabe:

Erstellen Sie eine Betriebsübersicht!

Übungsaufgabe 20:   Abschreibungsverfahren

Ausgangsdaten: €

1. Anschaffungskosten (ohne Umsatzsteuer)   100 000,–
   Nutzungsdauer 5 Jahre
   Lineares Abschreibungsverfahren
2. Anschaffungskosten (ohne Umsatzsteuer)   12 500,–
   Restwert   1 000,–
   Gesamtleistungsvorrat 100 000 km
   in der Periode verbrauchter Leistungsvorrat 15 000 km
   Abschreibung nach Leistung und Inanspruchnahme
3. Anschaffungskosten (ohne Umsatzsteuer)   90 000,–
   Nutzungsdauer 5 Jahre
   Digitales Abschreibungsverfahren

4. Anschaffungspreis (ohne Umsatzsteuer)   11 000,–
   Anschaffungsnebenkosten   1 000,–
   Rabatt   2 000,–
   Abschreibungsquote   20%
   Wie hoch ist der Restwert am Ende der 5. Periode?

Aufgabe:

Ermitteln Sie jeweils die jährlichen Abschreibungsbeträge!

Übungsaufgabe 21:   Abschreibungsverfahren

Eine Unternehmung hat eine Maschine zum Listenpreis von 200 000 € (netto) auf
Ziel gekauft. Der Lieferant räumt uns einen Rabatt in Höhe von 2% ein. An Trans-
port- und Montagekosten fallen 13 200 € (incl. MWSt) an. Die geschätzte Nutzungsdauer der Maschine beträgt 4 Jahre. Am Ende der 4. Periode soll die Maschine einen Schrottwert von 10 000 € aufweisen.

Aufgabe:

1. Erstellen Sie einen Abschreibungsplan!
2. Nehmen Sie die Verbuchung der Maschine zum Zeitpunkt der Lieferung vor!
3. Nehmen Sie die Verbuchung der Zahlung der Maschine vor. Unterstellen Sie
   dabei, daß die Zahlung mittels Banküberweisung erfolgt!
4. Nehmen Sie die Abschreibungsverbuchung der 4. Periode
   a) nach der direkten
   b) nach der indirekten Methode
   vor!
5. Nehmen Sie die Verbuchung für den Fall vor, daß die Maschine zu Beginn der
   5. Periode zum Restbuchwert auf Ziel verkauft wird!

Übungsaufgabe 22:   Verbuchung von Personalkosten

		€
1. a) Banküberweisung von Gehalt lt. Gehaltsliste, brutto		25 000,–
Lohnsteuer		4 300,–
Kirchensteuer		390,–
Sozialversicherung (Arbeitnehmeranteil)		2 100,–
b) Arbeitgeberanteil zur Sozialversicherung		2 100,–
Die einbehaltenen Beträge werden passiviert.		
2. Ein Gehaltsvorschuß wird gewährt und bar ausgezahlt		3 000,–
3. a) Barauszahlung von Löhnen laut Lohnliste, brutto		87 000,–
Lohnsteuer		12 300,–
Kirchensteuer		1 100,–
Sozialversicherung (Arbeitnehmeranteil)		4 900,–
b) Arbeitgeberanteil zur Sozialversicherung		4 900,–
Die einbehaltenen Beträge werden passiviert.		

4. a) Banküberweisung von Gehalt laut Gehaltsliste 33 000,–
    Lohnsteuer 7 100,–
    Kirchensteuer 630,–
    Sozialversicherung (Arbeitnehmeranteil) 2 300,–
    Einbehaltung zur Tilgung des Gehaltsvorschusses aus (2). 1 000,–
  b) Arbeitgeberanteil zur Sozialversicherung 2 300,–
  Die einbehaltenen Beträge (außer Tilgung) werden passiviert.
5. a) Barauszahlung von Löhnen laut Lohnliste, brutto 26 000,–
  Sondervergütung: Urlaubsgelder (Überweisung per Bank) 3 400,–
                Lohnsteuer 4 900,–
                Kirchensteuer 410,–
                Sozialversicherung (Arbeitnehmeranteil) 2 400,–
  b) Arbeitgeberanteil zur Sozialversicherung 2 400,–
  Die einbehaltenen Beträge werden passiviert.
6. Die gesamten einbehaltenen Beträge, Lohnsteuer, Kirchensteuer
und Sozialversicherungsbeiträge werden per Bank abgeführt.

Aufgabe:
Bilden Sie die Buchungssätze zu den vorgenannten Geschäftsvorfällen!

Übungsaufgabe 23: Umsatzsteuer

Entscheiden Sie jeweils selbständig, ob bei den folgenden Geschäftsvorfällen Umsatzsteuer zu berechnen ist. Dabei wird davon ausgegangen, daß die Unternehmung ihren Sitz im Inland hat und lediglich Geschäfte mit anderen umsatzsteuerpflichtigen inländischen Unternehmungen tätigt. Der Umsatzsteuersatz beträgt 10%.

I. Anfangsbestände: €

Maschinen 42 000,–
Betriebs- und Geschäftsausstattung 12 000,–
Kasse 6 500,–
Bank 48 400,–
Rohstoffe 28 200,–
Hilfsstoffe 10 600,–
Unfertige Erzeugnisse 18 400,–
Fertige Erzeugnisse 12 600,–
Forderungen aus Lieferungen und Leistungen 26 800,–
Eigenkapital 160 100,–
Wertberichtigungen 13 000,–
Verbindlichkeiten aus Lieferungen und Leistungen 32 400,–

Außerdem sind folgende Konten zu führen:

26 sonstige Forderungen, 281 Vorsteuer, 3002 Privat, 480 sonstige Verbindlichkeiten, 481 Mehrwertsteuer, 482 Umsatzsteuerverrechnung, 500 Umsatzerlöse, 518 andere Erlösberichtungen, 52 Bestandsveränderungen, 546 Erträge aus dem Abgang von Gegenständen des Anlagevermögens, 600 Aufwand Roh-

stoffe, 602 Aufwand Hilfsstoffe, 620 Löhne und Gehälter, 640 soziale Abgaben, 65 Abschreibungen auf Sachanlagen, 696 Verluste aus dem Abgang von Gegenständen des Anlagevermögens, 802 Gewinn und Verlust, 801 Schlubilanzkonto.

Die fertigen und unfertigen Erzeugnisse sind nach der Methode mit Inventur zu verbuchen.

II. Laufende Geschäftsvorfälle: €

1.	Zielverkauf von Fertigerzeugnissen im Nettowert von	8 000, –
2.	Zieleinkauf von Rohstoffen im Nettowert von	6 000, –
3.	Wegen mangelhafter Ware (1) wird ein Preisnachlaß von 20% gewährt.	
4.	Kauf einer Maschine im Nettowert von	5 000, –
	Die Bezahlung erfolgt per Bank.	
5.	Barverkauf einer gebrauchten Schreibmaschine für netto	300, –
	Der Buchwert der im Konto „08 BuGa." aktivierten Maschine beträgt	400, –
6.	Zieleinkauf von Hilfsstoffen im Nettowert von	4 000, –
7.	Privatentnahme in bar	700, –
8.	Verbrauch von Rohstoffen	5 100, –
9.	Lohnzahlung laut Lohnliste, brutto	7 000, –
	Lohnsteuer, Kirchensteuer, Sozialversicherung (Arbeitnehmer)	1 800, –
	Arbeitgeberanteil zur Sozialversicherung	900, –
	Ein Lohnvorschuß wird gewährt	1 000, –
	Die einbehaltenen Beträge werden passiviert, die verbleibenden Beträge per Bank überwiesen.	
10.	Verschiedene Kunden begleichen ihre Verbindlichkeiten durch Banküberweisung	11 000, –
11.	Kauf einer neuen Maschine im Nettowert von	7 000, –
	Eine alte Maschine mit einem Buchwert von	1 000, –
	wird für 1 500, – netto in Zahlung gegeben. Der verbleibende Betrag wird per Bank überwiesen.	
12.	Privatentnahme von Fertigerzeugnissen im Nettowert von	1 000, –
13.	Barverkauf einer Maschine für netto	3 000, –
	Der Buchwert beträgt	1 000, –
14.	Verbrauch von Rohstoffe	2 000, –
15.	Verkauf einer gebrauchten Maschine gegen Bankscheck	7 000, –
	Die Anschaffungskosten betrugen ehemals	15 000, –
	Die bisher vorgenommenen Wertberichtigungen betragen	6 000, –
16.	Barauszahlung von Löhnen laut Lohnliste, brutto	5 400, –
	Lohnsteuer, Kirchensteuer, Sozialversicherung (Arbeitnehmer)	1 900, –
	Der in (9) gewährte Gehaltsvorschuß von	1 000, –
	wird einbehalten.	
	Arbeitgeberanteil zur Sozialversicherung	650, –
17.	Barverkauf einer alten Buchungsmaschine für netto	800, –
	Die Maschine wird mit dem Erinnerungswert im Konto „08 BuGa." geführt.	
18.	Es wird ein Rohstoffschwund im Wert von 600, – festgestellt.	

19. Zielverkauf von Fertigerzeugnissen im Nettowert von   2 500,–
20. Dem Kunden aus (19) wird ein Preisnachlaß von 10% gewährt.

III. Abschlußangaben:

                                                         €

1. Indirekte Abschreibung auf Maschinen   4 000,–
2. Direkte Abschreibung auf BuGa.   3 000,–
3. Endbestände laut Inventur: Hilfsstoffe   9 200,–
                                 Unfertige Erzeugnisse   15 000,–
                                 Fertige Erzeugnisse   15 000,–
4. Die Umsatzsteuer-Zahllast ist per Bank abzuführen.

Aufgabe:

Führen Sie einen geschlossenen Buchungsgang durch!

Übungsaufgabe 24:   Wechselverbuchung

                                                         €

1. Einkauf von Rohstoffen gegen 3-Monats-Akzept, Warenwert   10 000,–
    Umsatzsteuer   1 000,–
2. (zu 1): Der Lieferant belastet uns mit Diskont   200,–
    Umsatzsteuer   20,–
3. Verkauf von Fertigerzeugnissen gegen 3-Monats-Wechsel
    Warenwert   7 000,–
    Umsatzsteuer   700,–
4. Dem Kunden werden 8% Diskont sowie die anfallende
    Umsatzsteuer in Rechnung gestellt.
5. Dem Kunden wird der Wechsel aus (3) nach 3 Monaten präsentiert.
    Die Bezahlung, auch der Beträge aus (4) erfolgt bar.
6. Die Bezahlung der Beträge aus (1) und (2) erfolgt per Bank.
7. Ein Kunde begleicht seine Verbindlichkeiten durch Querschreiben
    eines 3-Monats-Wechsels über den Betrag von   8 000,–
8. Der Diskont und die anfallende Umsatzsteuer werden uns per Bank
    überwiesen (Diskontsatz 6%).
9. Nach einem Monat wird der Wechsel an eine Bank indossiert.
    Die Bank berechnet ebenfalls den Diskont mit 6%.
10. Wir erfahren, daß ein von uns akzeptierter Wechsel über   2 000,–
    erneut indossiert wurde.
11. Wir lösen eine Verbindlichkeit in Höhe von   33 000,–
    durch Querschreiben eines 3-Monats-Wechsels ab.
12. (zu 11): Den Diskont und die darauf entfallende Umsatzsteuer
    überweisen wir per Bank. (Diskontsatz 4%).
13. Der Wechsel aus (11) wird uns nach 3 Monaten präsentiert.
    Die Zahlung erfolgt per Banküberweisung.
14. Verkauf von Fertigerzeugnissen gegen 3-Monats-Wechsel.
    Warenwert   20 000,–

Umsatzsteuer: 10%, Rabatt: 5%, Diskont: 4%
Wir stellen dem Bezogenen die Wechselkosten in Rechnung

15. Der Wechsel aus (14) wird nach einem Monat zur Deckung einer
Verbindlichkeit von 21 000,– an einen Lieferanten indossiert.
Die Restschuld wird durch Bankscheck beglichen.

16. Verkauf von Fertigerzeugnissen gegen 3-Monats-Wechsel.
Warenwert   12 000,–
Umsatzsteuer   1 200,–
Diskont 6%.
Der Bezogene schickt den Wechsel zurück;
Wechseldiskont und anfallende Umsatzsteuer werden ihm in
Rechnung gestellt.

17. Rohstoffeinkauf auf Ziel, netto   10 000,–
Umsatzsteuer   1 000,–

18. Wir begleichen die Verbindlichkeit unter Abzug von 3% Skonto,
indem wir den Wechsel aus (16), der eine Restlaufzeit von
2 Monaten hat, an den Lieferanten indossieren.
Der verrechnete Diskont beträgt 6%.

19. Zum Ausgleich einer Verbindlichkeit von 3 100,– akzeptieren
wir einen 3-Monats-Wechsel.

20. Der Diskont von 9% und die anfallende Umsatzsteuer werden
uns in Rechnung gestellt.

Aufgabe:

Bilden Sie die Buchungssätze!

Die fertigen und unfertigen Erzeugnisse sind dabei nach der Methode mit Inventur zu verbuchen.

Übungsaufgabe 25:   Zeitliche Abgrenzung

(Geschäftsjahresschluß: 31.12.)

€

1. a) Am 1.7. werden Darlehenszinsen in Höhe von   500,–
für 1 Jahr im voraus bezahlt
   b) Am 1.1. wird die Abgrenzung aufgelöst.

2. a) Am 31.12. haben wir die Vertreterprovision des Monats
Dezember in Höhe von 2 100,– plus 210,– Umsatzsteuer
noch nicht bezahlt.
   b) Im Januar wird der Betrag per Bank überwiesen.

3. a) Die Kfz.-Steuer in Höhe von 63,– für die Zeit vom 1.11.-31.1.
wird erst im Januar in Rechnung gestellt.
   b) Am 1.2. wird die Kfz.-Steuer für das vergangene Quartal per
Bank überwiesen.

4. a) Die Januarbezugskosten für eine Fachzeitschrift, 25,–
      plus 2,50 Umsatzsteuer, werden von uns bereits im Dezember
      überwiesen.
   b) Am 1.1. wird die Abgrenzung aufgelöst.
5. a) Am Jahresende haben wir die letzte Quartalsmiete in Höhe
      von 2600,– noch nicht bezahlt.
   b) Der ausstehende Betrag wird im Januar per Bank überwiesen.
6. a) Unsere Schuldner haben am Jahresende fällige Zinsen in Höhe
      von 680,– noch nicht beglichen.
   b) Die Beträge gehen im Januar auf dem Bankkonto ein.
7. a) Die Januarmiete für eine vermietete Lagerhalle in Höhe von   200,–
      zuzüglich 10% Umsatzsteuer ging bereits am 25.12.
      bar ein und wurde unmittelbar auf Konto „59 sonstige Erträge“
      gebucht. Am 31.12. ist eine Abgrenzung vorzunehmen (es
      wurde für die Umsatzbesteuerung optiert).
   b) Am 1.1. ist die Abgrenzung aufzulösen.
8. a) Die Darlehenszinsen für Januar in Höhe von   95,–
      werden bereits im Dezember unserem Bankkonto gutgebracht.
      Es ist eine Abgrenzung vorzunehmen.
   b) Die Abgrenzung ist zum 1.1. aufzulösen.
9. a) Wir überweisen den Wechseldiskont für die Zeit vom
      1.12.-28.2. zuzüglich der anteiligen Umsatzsteuer bereits
      im Dezember. Am 1.12. wurde gebucht:
      753 Diskontaufwand   300,–
      260 Vorsteuer   30,–   an 280 Bank   330,–
      Am 31.12. ist eine Abgrenzung vorzunehmen.
   b) Am 1.1. ist die Abgrenzung aufzulösen.
10. a) Wir bezahlen am 1.10. Versicherungsprämie in Höhe von   1 800,–
       für 6 Monate im voraus.
    b) Am 1.1. ist die Abgrenzung aufzulösen.

Aufgabe:
Bilden Sie die Buchungssätze!

Übungsaufgabe 26:   Rückstellungen

		€
1. a)	Aufgrund einer Steuernachveranlagung rechnen wir mit einer Gewerbeertragsteuer-Nachzahlung von ungefähr	2 100,–
b)	Der endgültige Bescheid über die Nachzahlung lautet auf	2 400,–
	Der Betrag wird per Bank überwiesen.	
2. a)	Ein von uns indossierter Wechsel über	3 000,–
	ist zu Protest gegangen. Wir müssen mit einer Inanspruchnahme rechnen.	
b)	Auf dem Wege des Sprungregresses wurde unser Vormann zur Zahlung verpflichtet.	

3. a) Die umsatzsteuerabhängige Handelsvertreterprovision für den Monat Dezember ist mangels einer endgültigen Abrechnung noch nicht bezahlt. Sie beläuft sich voraussichtlich auf 8 000,– zuzüglich 10% Umsatzsteuer.
   b) Die endgültige Abrechnung ergibt einen Betrag von 9 600,– zuzüglich Umsatzsteuer. Der Betrag wird per Bank überwiesen.
4. a) Aus einem laufenden Gerichtsverfahren rechnen wir am Jahresende mit Prozeßkosten in Höhe von 3 800,–
   b) Der Prozeß wird abgeschlossen. Es werden uns 2 400,– in Rechnung gestellt, die wir per Bank überweisen.
5. a) Aus einem laufenden Gerichtsverfahren müssen wir damit rechnen, zu einer Lohnnachzahlung in Höhe von 2 600,– verurteilt zu werden. Außerdem können Gerichtskosten in Höhe von 1 400,– auf uns zukommen.
   b) Der Prozeß wird kostenpflichtig verloren. Die Prozeßkosten betragen 1 450,– Die Beträge werden per Bank überwiesen.

Aufgabe:

Bilden Sie die Buchungssätze!

Übungsaufgabe 27: Betriebsübersicht mit zeitlichen Abgrenzungen

I. Unsaldierte Kontensummen

		Soll €	Haben €
07	Maschinen	90 000	–
08	BuGa.	40 000	–
2000	Rohstoffe	169 300	50 400
2001	Preisnachlässe Rohstoffe	–	2 700
210	Unfertige Erzeugnisse	7 000	–
220	Fertige Erzeugnisse	11 000	–
240	Forderungen aus L.u.L.	175 600	136 200
260	Vorsteuer	17 100	15 300
288	Kasse	217 200	130 100
29	Aktive Rechnungsabgrenzungsposten	1 400	–
300	Eigenkapital	–	201 400
36	Wertberichtigungen auf Anlagen	–	25 000
39	Sonstige Rückstellungen	–	2 000
440	Verbindlichkeiten aus L.u.L.	143 200	197 000
480	Sonstige Verbindlichkeiten	24 000	28 000
481	Mehrwertsteuer	19 200	26 100

482	Umsatzsteuerverrechnung	–	–
49	Passive Rechnungsabgrenzungsposten	–	2 000
500	Umsatzerlöse	–	252 600
517	Erlösberichtigung Boni	3 100	–
52	Bestandsveränderungen	–	–
548	Erträge aus der Auflösung von Rückstellungen	–	–
600	Aufwand Rohstoffe	50 400	–
620	Löhne und Gehälter	84 800	–
640	Sozialabgaben	4 600	–
65	Abschreibungen auf Anlagen	–	–
693	sonstiger Aufwand	9 800	–
756	Zinsen für Verbindlichkeiten	1 100	–

II. Abschlußangaben: €

1. Indirekte Abschreibung auf „07 Maschinen"   12 000, –
2. Direkte Abschreibung auf „08 BuGa.", 20% vom Buchwert.
3. Darlehenszinsen für das laufende Geschäftsjahr in Höhe von 700, – werden erst im Januar bezahlt.
4. Im Konto „693 sonstiger Aufwand" sind vorausbezahlte Versicherungsbeiträge in Höhe von 900, – enthalten.
5. Für einen schwebenden Prozeß wurden im Vorjahr Rückstellungen von 2 000, – gebildet.
   Zum Abschluß dieser Rechnungsperiode erfahren wir, daß der Rechtsstreit gewonnen wurde.
6. Am 31.12. gehen Mieteinnahmen für Januar in Höhe von   500, – bar ein.
7. Die Vertreterprovision für Dezember in geschätzter Höhe von 3 000, – zuzüglich 10% Umsatzsteuer soll erst im Januar überwiesen werden.
8. Löhne und Gehälter des Monats Dezember in Höhe von   3 000, – und Arbeitgeberanteile zur Sozialversicherung in Höhe von   280, – sind am Periodenende noch nicht ausbezahlt.
9. Dem Kunden wird ein Umsatzbonus auf bezogene Fertigerzeugnisse von 3 300, – incl. Umsatzsteuer gewährt, der mit Forderungen zu verrechnen ist.
10. Für bezogene Rohstoffe erhalten wir einen Treuebonus von   1 100, – incl. Umsatzsteuer, den wir mit den Verbindlichkeiten aus L.u.L. verrechnen.
11. Endbestände laut Inventur: Rohstoffe   108 500, –
    Unfertige Erzeugnisse   6 300, –
    Fertige Erzeugnisse   23 400, –
12. Endbestand Kasse (vor Abführung der USt.-Zahllast)   87 560, –
13. Die USt.-Zahllast ist per Kasse abzuführen.

Übungsaufgabe 28:   Abschreibungen auf Forderungen

1. a) Über das Vermögen eines unserer Kunden, gegen den wir €
eine Forderung aus L. u. L. incl. Umsatzsteuer von   22000,–
haben, wird das Insolvenzverfahren eröffnet.

   b) Das Insolvenzverfahren wird mangels Masse eingestellt, die
Forderung wird damit uneinbringlich.

   c) Unerwartet erhalten wir im folgenden Geschäftsjahr für die
bereits abgeschriebene Forderung   5500,–
durch die Bank überwiesen.

2. a) Über das Vermögen eines Kunden wird das Insolvenzverfahren
eröffnet. Unsere Forderung beträgt incl. USt.   6600,–

   b) Zum Periodenende wird mit einer Insolvenzquote von 40%
gerechnet.

   c) Im folgenden Geschäftsjahr wird uns die Vergleichsquote
von 25% auf unser Bankkonto überwiesen.

3. Eine nicht als zweifelhaft erkannte Forderung über   1 100,–
incl. USt. wird in voller Höhe uneinbringlich.

4. a) Ein Kunde, gegen den wir eine Forderung in Höhe von incl. USt.   3 300,–
haben, hat das Vergleichsverfahren beantragt.

   b) Wir rechnen mit einer Vergleichsquote von 50%.

   c) Im folgenden Geschäftsjahr wird uns eine Vergleichsquote
von 80% auf das Bankkonto überwiesen.

5. Wir erleiden einen unerwarteten Forderungsfall:
Forderung incl. USt.   4 400,–
Vergleichsquote: 60%. Der Betrag wird per Bank überwiesen.

6. Auf eine im vergangenen Jahr als uneinbringlich abgeschriebene
Forderung (incl. USt) werden uns unerwartet   660,–
per Bank überwiesen.

7. Im Gesamtbetrag unserer (USt.-einschließenden) Forderungen
sind folgende Dubiose mit angegebenen geschätzten Ausfallquoten
enthalten:

Kunde:	mutmaßlicher Ausfall	Forderungsbetrag (incl. USt)
A	70%	22 000,–
B	30%	9 900,–
C	50%	13 200,–

Im nächsten Jahr werden folgende Vergleichsquoten per Bank überwiesen:

A	50%	
B	50%	
C	30%	

Aufgabe:

Bilden Sie die Buchungssätze!

Übungsaufgabe 29:   Pauschalwertberichtigung zu Forderungen

Zu Beginn des Geschäftsjahres 2000 (1.1.2000) beträgt der Forderungsbestand einer Unternehmung 220000 €. Darin sind zweifelhafte Forderungen in Höhe von 44000 € enthalten. Die Pauschalwertberichtigung auf Forderungen beträgt 3% des einwandfreien Forderungsbestandes.

Während des Geschäftsjahres 2000 fallen folgende Geschäftsvorfälle an:

a. Eine bisher unter den einwandfreien Forderungen ausgewiesene Forderung im Nennwert von 22 000 € wird als zweifelhaft erkannt.

b . Bei der Forderung aus (a) rechnen wir mit einem Forderungsausfall in Höhe von 80%.

c. Die Forderung aus (a) und (b) geht mit 6 600 € per Bank ein.

d. Eine bislang unter den einwandfreien Forderungen ausgewiesene Forderung im Nennwert von 33 000 € wird uneinbringlich.

e. Aus dem Verkauf von Fertigerzeugnissen entstehen während des Geschäftsjahres 2000 neue Forderungen im Nennwert von 77 000 €, die insgesamt als voll einbringlich angesehen werden.

f. Aufgrund des allgemeinen Kreditrisikos nimmt die Unternehmung zum Geschäftsjahresabschluß eine Pauschalwertberichtigung von 3% auf den Bestand der „einwandfreien" Forderung vor.

Aufgabe:

Nehmen Sie die Verbuchung der Geschäftsvorfälle a-f vor.

Übungsaufgabe 30:   Verbuchung im Industriebetrieb

A		Eröffnungsbilanz				P
		€				€
05	Grundstücke und Gebäude	450 000,–	300	Eigenkapital		531 000,–
07	Maschinen	210 000,–	36	Wertberichtigungen auf Betriebs- und		
08	Betriebs- und Geschäftsausstattung	110 000,–		Geschäftsausstattung		40 000,–
200	Rohstoffe	70 000,–	41	Langfristige		
202	Hilfsstoffe	40 000,–		Darlehen		320 000,–
203	Betriebsstoffe	25 000,–	440	Verbindlichkeiten		
210	Unfertige Erzeugnisse	95 000,–		aus Lieferungen		240 000,–
220	Fertigerzeugnisse	107 000,–	480	Sonstige		
240	Forderungen aus Lieferungen	87 000,–		Verbindlichkeiten		170 000,–
280	Bank	85 000,–				
288	Kasse	22 000,–				
		1 301 000,–				1 301 000,–

Geschäftsvorfälle:

1. Rohstoffe im Wert von 40000 €, Hilfsstoffe im Wert von 40000 €, Betriebsstoffe im Wert von 15 000 € gehen in die Produktion ein.
2. 7 000 Stück Fertigerzeugnisse werden auf Ziel verkauft.
3. 10 000 Stück unfertige Erzeugnisse verlassen das Lager und gehen in die Produktion.
4. 5 000 Stück Fertigerzeugnisse verlassen die Produktion und gehen auf Lager.
5. Zielkauf von Hilfsstoffen im Wert von 50000 €. Die Transportkosten in Höhe von 3 000 € bezahlen wir per Bankscheck.
6. Der Kunde aus Nr. 2 begleicht 50 % seiner Schuld per Bankscheck.
7. Rohstoffe im Wert von 30000 €, Hilfsstoffe im Wert von 10000 € und Betriebsstoffe im Wert von 8000 € gehen in die Produktion ein.
8. Zielkauf von Rohstoffen im Wert von 60000 € und Betriebsstoffen im Wert von 10000 €.
9. Wir bezahlen die Roh- und Betriebsstoffe aus Nr. 8 unter Abzug von 3% Skonto per Bank.
10. 7000 Stück Fertigerzeugnisse und 3000 Stück unfertige Erzeugnisse verlassen die Produktion und geben auf Lager.
11. 15 000 Stück Fertigerzeugnisse werden auf Ziel verkauft.
12. Der Kunde aus (11) begleicht seine Schuld unter Abzug von 3% Skonto per Banküberweisung.
13. Wir bezahlen Verbindlichkeiten gegenüber Lieferanten in Höhe von 100000 € per Bank.
14. Forderungen aus Lieferungen in Höhe von 80000 € gehen per Bank ein.
15. Die Restforderung aus (2) und (6) wird zweifelhaft. Wir rechnen mit einem Forderungsausfall in Höhe von 20%
16. Zahlung von Löhnen und Gehältern per Bank:
    Bruttogehälter   100000 €
    Lohn- und Kirchensteuer   30000 €
    Arbeitgeberanteil und Arbeitnehmeranteil zur Sozialversicherung je 10000 €.
17. Direkte Abschreibung der Maschinen in Höhe von 20 000 €.
18. Indirekte Abschreibung der Betriebs- und Geschäftsausstattung in Höhe von 10000 €.

Weitere Angaben:

Die Verkaufspreise der Fertigerzeugnisse betragen 17 €, die Herstellungswerte der Fertigerzeugnisse 9 € und die Herstellungswerte der unfertigen Erzeugnisse 5 €. Die fertigen und unfertigen Erzeugnisse sind nach der Methode ohne Inventur zu verbuchen.

Aufgabe:
Führen Sie – unter Vernachlässigung der Umsatzsteuer – einen geschlossenen Buchungsgang auf T-Konten durch.

G. Die Gewinn- und Verlustverteilung bei ausgewählten Unternehmensformen

| Übungsaufgaben 31–35 |

Übungsaufgabe 31:   Gewinnverwendung der OHG

An einer OHG sind A mit 350000,– und B mit 260000,– beteiligt. Der zum Jahresabschluß ausgewiesene Jahresgewinn beträgt 46499,–

Die Privatentnahmen im Laufe des Geschäftsjahres betrugen:

bei A: am 1.7.   4200,–
       am 1.11.   5400,–
bei B: am 1.4.   3500,–
       am 1.7.   3700,–

Eine Privateinlage von B am 1.11. betrug 15000,–

Der Gewinn ist nach gesetzlichen Bestimmungen unter Berechnung von 4% p.a. Zinsen für die Privatentnahmen und Privateinlagen zu verteilen.

Aufgabe:

Stellen Sie eine Gewinnverteilungstabelle auf und ermitteln Sie, wie sich der Gewinn auf die beiden Gesellschafter verteilt.

Übungsaufgabe 32:   Gewinnverwendung der OHG mit Verbuchung

An einer OHG sind A mit 200000,–
                B mit 300000,–
                C mit 350000,–   beteiligt.

Während des Geschäftsjahres wurden folgende Privateinlagen bzw. Privatentnahmen getätigt:

Privateinlagen A:	1.4.	20000,–
	1.12.	12000,–
Privatentnahmen A:	1.7.	6000,–
	1.10.	18000,–
Privateinlagen B:	–	
Privatentnahmen B:	1.2.	12000,–
	1.4.	9000,–
	1.11.	5100,–
Privateinlagen C:	1.8.	12000,–
Privatentnahmen C:	1.3.	7500,–
	1.10.	2000,–
	1.12.	22200,–

Der Jahresgewinn von 105932,– soll nach gesetzlichen Bestimmungen, unter Berechnung von 4% p.a. Zinsen für die Privatentnahmen und -einlagen, verteilt werden.

Aufgabe:

1. Stellen Sie eine Gewinnverteilungstabelle auf und ermitteln Sie die Gewinnanteile der einzelnen Gesellschafter sowie deren neue Kapitalien.

2. Nehmen Sie darüber hinaus die Verbuchung auf den notwendigen Konten vor.

Übungsaufgabe 33:   Gewinnverwendung der KG mit Verbuchung

Aus der Buchhaltung einer Kommanditgesellschaft ergeben sich folgende Zahlen:

	Komplementär A €	Komplementär B €	Kommanditist C €
Kapital am 1.1:	28 000,−	23 400,−	9 300,−
Barentnahmen:			
am 31.1.:	2 000,−	1 400,−	−
am 30.4.:	2 000,−	1 400,−	−
am 31.7.:	2 000,−	1 400,−	−
am 30.11.:	2 000,−	1 400,−	−

Der Gewinn des Geschäftsjahres beträgt: 25 509,68 €

Der Gesellschaftsvertrag der Kommanditgesellschaft bestimmt über die Gewinnverwendung:

„1. Für ihre Arbeitsleistung erhalten die Komplementäre vorab je 8 000,−
2. Die Kapitalanteile aller Gesellschafter sind sodann mit 4% zu verzinsen. Sollten während des Geschäftsjahres Kapitaleinlagen bzw. Kapitalentnahmen vorgenommen werden, ist eine zeitanteilige Zinsgutschrift bzw. ein zeitanteiliger Zinsabzug zu verrechnen.
3. Ein etwaiger Gewinnrest verteilt sich im Verhältnis 2:2:1 auf die Gesellschafter A, B und C."

Aufgabe:

1. Stellen Sie eine Gewinnverteilungstabelle auf und ermitteln Sie die Gewinne von A, B und C!
2. Nehmen Sie eine Verbuchung der Entnahmen und der Gewinnverteilung auf T-Konten vor!

Übungsaufgabe 34:   Gewinnverwendung der GmbH

Eine GmbH hat zum 31.12.2001 ein gezeichnetes Kapital von 100 TEURO, an dem A mit 50 TEURO, B mit 30 TEURO und C mit 20 TEURO beteiligt sind. Die Kapitalrücklagen betragen 20 TEURO, Gewinnrücklagen 60 TEURO und der Gewinnvortrag 120 TEURO. Die Bilanzsumme beträgt 5 Mio. EURO, der Umsatz 10 Mio. Euro. Das Unternehmen beschäftigt 100 Mitarbeiter, Im Geschäftsjahr 2002 erfolgt eine Ausschüttung für 2001 in Höhe von 50 TEURO. Der Jahresüberschuß am Ende des Geschäftsjahres 2002 beträgt 100 TEURO.

a) Wie stellen sich Bilanz und GuV ohne Gewinnverwendung für 2002 zum 31.12.02 dar? Um was für einen Typ von Kapitalgesellschaft handelt es sich?
b) Welche Ausschüttungen erhalten A, B und C für das Geschäftsjahr 2001?
c) Angenommen, es erfolgt zum 31.12.2002 eine Einstellung in andere Gewinnrücklagen in Höhe von 40 TEURO und eine Ausschüttung für das Geschäftsjahr 2002 in Höhe von 50 TEURO, Wie stellen sich dann Bilanz und GuV mit Gewinnverwendung zum 31.12.2002 dar?

Übungsaufgabe 35:   Gewinnverwendung der AG

Eine Aktiengesellschaft hat zum 31.12.2001 ein Grundkapital von 500 TEURO. Die gesetzliche Rücklage beträgt 50 TEURO, die freie Rücklage ebenfalls 50 TEURO. Für 2001 beträgt der Gewinnvortrag 20 TEURO, der Jahresüberschuß 80. Die Bilanzsumme beträgt 5 Mio. EURO, der Umsatz 50 Mio. EURO. Das Unternehmen beschäftigt 500 Mitarbeiter.
Im Geschäftsjahr 2002 beschließt die Hauptversammlung eine Ausschüttung für 2001 in Höhe von 50 TEURO. Ebenfalls 50 TEURO sollen den freien Rücklagen zugeführt werden. Der Jahresüberschuß am Ende des Geschäftsjahres 2002 beträgt 100 TEURO.
Um was für einen Typ von Kapitalgesellschaft handelt es sich hier? Wie stellen sich Bilanz und GuV ohne Gewinnverwendung für 2002 zum 31.12.2002 dar? Wie entwickelt sich der Bilanzgewinn und der Gewinnvortrag?

H. Kontenplan für Technik des betrieblichen Rechnungswesens

Kontenklasse 0: Immaterielle Vermögensgegenstände und Sachanlagen

00   ausstehende Einlagen
003   ausstehende Einlagen Kommanditist
004   ausstehende Einlagen Kommanditist
02   Konzessionen, Schutzrechte, Lizenzen
03   Geschäfts- oder Firmenwert
05   unbebaute/bebaute Grundstücke
07   Maschinen
08   Betriebs- und Geschäftsausstattung

Kontenklasse 1: Finanzanlagen

11   Anteile an verbundenen Unternehmen
12   Ausleihungen an verbundene Unternehmen
13   Beteiligungen
15   Wertpapiere des Anlagevermögens
16   sonst. Ausleihungen

Kontenklasse 2: Umlaufvermögen und aktive Rechnungsabgrenzung

200   Rohstoffe
2001 Anschaffungsnebenkosten Rohstoffe
2002 Preisnachlässe Rohstoffe
201   Fremdfabrikate/Vorprodukte
202   Hilfsstoffe
2021 Anschaffungsnebenkosten Hilfsstoffe

2022 Preisnachlässe Hilfsstoffe
203   Betriebsstoffe
2031 Anschaffungsnebenkosten Betriebsstoffe
2032 Preisnachlässe Betriebsstoffe
210   unfertige Erzeugnisse
220   Fertigerzeugnisse
240   Forderungen aus Lieferungen und Leistungen
241   Dubiose Forderungen
245   Besitzwechsel
2492 Pauschalwertberichtigung zu Forderungen
26   sonst. Forderungen
260   Vorsteuer
2628 Einfuhrumsatzsteuer
2629 noch nicht anzurechnende Vorsteuer
264   Forderungen an Mitarbeiter
280   Bank
288   Kasse
29   aktiver Rechnungsabgrenzungsposten
299   Bilanzverlust (nicht durch EK gedeckter Fehlbetrag)

Kontenklasse 3: Eigenkapital und Rückstellungen

300   Eigenkapital (Gesellschafter A)
3002 Privatkonto (Gesellschafter A)
301   Eigenkapital (Gesellschafter B)
3012 Privatkonto (Gesellschafter B)
302   Eigenkapital (Gesellschafter C)
3022 Privatkonto (Gesellschafter C)
303   Eigenkapital (Gesellschafter D)
3032 Privatkonto (Gesellschafter D)
304   Einlage Kommanditist
305   Einlage Kommanditist
35   Sonderposten mit Rücklageanteil
36   Wertberichtigungen auf Anlagen
361   Pauschalwertberichtigungen auf Ford.
37   Rückstellungen für Pensionen und ähnliche Verpflichtungen
38   Steuerrückstellungen
39   sonst. Rückstellungen

Kontenklasse 4: Verbindlichkeiten und passive Rechnungsabgrenzung

41   langfristige Verbindlichkeiten
440   Verbindlichkeiten aus Lieferungen und Leistungen
45   Schuldwechsel
480   sonst. Verbindlichkeiten
481   Mehrwertsteuer (MwSt)
4811 noch nicht fällige MwSt
482   Umsatzsteuerverrechnung
483   Verbindlichkeiten gegen Sozialversicherungsträger
49   Passive Rechnungsabgrenzungsposten

Kontenklasse 5: Erträge

500   Umsatzerlöse
516   Skonti

517 Boni
518 andere Erlösberichtigungen
52   Bestandsveränderungen
54   sonst. Erträge
5452 Erträge aus der Herabsetzung der Pauschalwertberichtigung zu
     Forderungen
546 Erträge aus Abgang Anlagevermögen
548 Erträge aus der Auflösung von Rückstellungen
55   Erträge aus Beteiligungen
56   Erträge aus anderen Wertpapieren
570 Zinserträge
573 Diskonterträge
579 übrige sonstige Zinsen und ähnliche Erträge

Kontenklasse 6: Betriebliche Aufwendungen

600 Aufwand Rohstoffe
601 Aufwand Fremdfabrikate/Vorprodukte
602 Aufwand Hilfsstoffe
603 Aufwand Betriebsstoffe
616 Reparatur
620 Löhne
640 soziale Abgaben
643 sonst. soziale Abgaben
65   Abschreibungen auf Anlagen
670 Mieten und Pachten
676 Provisionen
680 Büromaterial
693 sonst. Aufwendungen
695 Abschreibungen auf Forderungen
696 Aufwendungen aus Abgang Anlagevermögen
698 sonst. betr. Aufwand (Rückstellungszuführung)

Kontenklasse 7: Weitere Aufwendungen

702 Grundsteuer
703 Kfz-Steuer
74   Abschreibungen auf Finanzanlagen
751 Bankzinsen
753 Diskontaufwand
756 Zinsen für Verbindlichkeiten
76   außerordentliche Aufwendungen
770 Gewerbeertragsteuer
771 Körperschaftsteuer

Kontenklasse 8: Ergebnisrechnungen

800 Eröffnungsbilanzkonto
801 Schlußbilanzkonto
802 Gewinn- und Verlustkonto (GuV)

Kontenklasse 9: Kosten- und Leistungsrechnung (KLR)

I. Lösungsvorschläge zu den Übungsaufgaben

Lösung zur Übungsaufgabe 1:   Inventar und Bilanz

zu 1.: Inventar

des „Verbrauchermarktes Holab", Mannheim, zum 31. Dezember 2002

A. Vermögen

I. Anlagevermögen

1. Bebaute Grundstücke, 68 Mannheim, Auf der Wiese	2 382 690,–
2. Unbebaute Grundstücke, 68 Mannheim, Auf der Wiese	420 000,–
3. Betriebs- und Geschäftsausstattung (Anlage, Blatt 13)	732 800,–

II. Umlaufvermögen

1. **Warenvorräte**		
a) Lebensmittel (Anlage, Blatt 1,2)	1 396 480,–	
b) Spirituosen (Anlage, Blatt 3)	86 265,–	
c) Möbel (Anlage, Blatt 4)	862 410,–	
d) Konfektionsartikel (Anlage, Blatt 5)	695 280,–	
e) Sportartikel (Anlage, Blatt 6)	262 110,–	
f) Elektroartikel (Anlage, Blatt 7)	295 390,–	
g) Drogerieartikel (Anlage, Blatt 8)	94 820,–	3 692 755,–
2. **Forderungen an Kunden** (Anlage, Blatt 11)		84 531,–
3. **Besitzwechsel** (Anlage, Blatt 10)		22 400,–
4. **Bargeld**		14 806,–
5. **Postscheckguthaben, Ludwigshafen**		34 200,–
6. **Bankguthaben**		
a) Dresdner Bank, Mannheim	226 428,–	
b) Stadtsparkasse, Mannheim	784 325,–	1 010 753,–
Summe des Vermögens		8 394 935,–

B. Schulden

1. Grundschuld, Stadtsparkasse Mannheim	1 200 000,–
2. Verbindlichkeiten gegenüber privaten Kreditgebern (Anlage, Blatt 12)	1 180 290,–
3. Verbindlichkeiten bei Lieferern (Anlage, Blatt 14)	1 909 640,–
4. Schuldwechsel (Anlage, Blatt 9)	1 431 795,–
5. Commerzbank, Mannheim	380 000,–
6. Dresdner Bank, Mannheim	2 480,–
Summe der Schulden	6 104 205,–

zu 2.:

C. Ermittlung des Reinvermögens

Summe des Vermögens	8 394 935,–
∕ **Summe der Schulden**	6 104 205,–
Reinvermögen	2 290 730,–

Aktiva	Bilanz		Passiva
I. Anlagevermögen		**I. Eigenkapital**	2 290 730, –
1. Beb. Grundstücke	2 382 690, –	**II. Fremdkapital**	
2. Unbeb. Grundstücke	420 000, –	**1. Langfristiges FK**	
3. Betr. -u. Gesch.ausst.	732 800, –	a) Grundschuld	1 200 000, –
II. Umlaufvermögen		b) Verbindlichkeiten	1 560 290, –
1. Waren	3 692 755, –	**2. Kurzfristiges FK**	
2. Forderungen	84 531, –	a) Verb. a. L.u.L.	1 909 640, –
3. Wechsel	22 400, –	b) Wechsel	1 431 795, –
4. Kasse	14 806, –	c) Bankverbindlichk.	2 480, –
5. Postscheckguthaben	34 200, –		
6. Bankguthaben	1 010 753, –		
	8 394 935, –		8 394 935, –

Mannheim, den 31. Dezember 2002

. . . .
Unterschrift

zu 3.:

Ermittlung des betrieblichen Erfolges

Neues Reinvermögen	2 290 730, –
∕ Altes Reinvermögen	2 340 610, –
+ Privatentnahmen	120 000, –
∕ Privateinlagen	200 000, –
Verlust des Geschäftsjahres 2002	−129 880, –

Lösung zur Übungsaufgabe 2:   Verbuchung erfolgs-
neutraler Geschäftsvorfälle

zu 1.:

Aktiva		Bilanz zum 1.1.02	Passiva	
Betriebs- u. Gesch.ausst.	8 600,−	Eigenkapital	26 580,−	
Waren	11 800,−	Langfristige Verb.	7 500,−	
Forderungen aus L.u.L.	5 900,−	Verb. aus L.u.L.	4 800,−	
Kasse	1 200,−			
Postscheckkonto	880,−			
Bank	10 500,−			
	38 880,−		38 880,−	

zu 2.:

Buchungssätze: €

  1. Waren an Kasse   580,−
  2. Bank an Forderungen aus Lieferungen und Leistungen   875,−
  3. Langfristige Verbindlichkeiten an Bank   2 550,−
  4. Verbindlichkeiten aus Lieferungen und Leistungen an Bank   580,−
  5. Kasse an Betriebs- und Geschäftsausstattung   290,−
  6. Postscheckkonto an Forderungen aus L.u.L.   320,−
  7. Bank an Kasse   200,−
  8. Forderungen aus L.u.L. an Waren   790,−
  9. Verbindlichkeiten aus L.u.L. an langfristige Verbindl.   700,−
10. Betriebs- und Geschäftsausstattung an Bank   830,−
11. Verbindlichkeiten aus L.u.L.   1 160,−
            an Bank   780,−
            an Postscheckkonto   380,−
12. Kasse an Waren   370,−
13. Kasse an Betriebs- und Geschäftsausstattung   490,−
14. Bank an Eigenkapital   3 400,−

Zu 1. und 3.:

Soll		Eröffnungsbilanzkonto	Haben	
Eigenkapital	26 580,−	Betriebs- u. Gesch.ausst.	8 600,−	
Langfristige Verbindl.	7 500,−	Waren	11 800,−	
Verbindl. aus L.u.L.	4 800,−	Forderungen aus L.u.L.	5 900,−	
		Kasse	1 200,−	
		Postscheck	880,−	
		Bank	10 500,−	
	38 880,−		38 880,−	

S	B.- u. G.ausst.	H		S	Waren	H
AB	8 600,–	(5) 290,–		AB	11 800,–	(8) 790,–
(10)	830,–	(13) 490,–		(1)	580,–	(12) 370,–
		SBK 8 650,–				SBK 11 220,–
	9 430,–	9 430,–			12 380,–	12 380,–

S	Ford. a. L.u.L.	H		S	Kasse	H
AB	5 900,–	(2) 875,–		AB	1 200,–	(1) 580,–
(8)	790,–	(6) 320,–		(5)	290,–	(7) 200,–
		SBK 5 495,–		(12)	370,–	SBK 1 570,–
				(13)	490,–	
	6 690,–	6 690,–			2 350,–	2 350,–

S	Postscheck	H		S	Bank	H
AB	880,–	(11) 380,–		AB	10 500,–	(3) 2 550,–
(6)	320,–	SBK 820,–		(2)	875,–	(4) 580,–
				(7)	200,–	(10) 830,–
				(14)	3 400,–	(11) 780,–
						SBK 10 235,–
	1 200,–	1 200,–			14 975,–	14 975,–

S	Eigenkapital	H		S	langfr. Verb.	H
SBK	29 980,–	AB 26 580,–		(3)	2 550,–	AB 7 500,–
		(14) 3 400,–		SBK	5 650,–	(9) 700,–
	29 980,–	29 980,–			8 200,–	8 200,–

S	Verb. a. L.u.L.	H		S	SBK	H
(4)	580,–	AB 4 800,–		BuGa.	8 650,–	EK 29 980,–
(9)	700,–			Waren	11 220,–	lf. Verb. 5 650,–
(11)	1 160,–			Fo. a. L.	5 495,–	Verbind.
SBK	2 360,–			Kasse	1 570,–	a. L. 2 360,–
	4 800,–	4 800,–		Pschk.	820,–	
				Bank	10 235,–	
					37 990,–	37 990,–

zu 4.:

Aktiva	Schlußbilanz zum 31.12.02		Passiva
BuGa.	8 650,–	Eigenkapital	29 980,–
Waren	11 220,–	langfr. Verb.	5 650,–
Ford. a. L.	5 495,–	Verb. a. L. u. L.	2 360,–
Kasse	1 570,–		
Postscheck	820,–		
Bank	10 235,–		
	37 990,–		37 990,–

Lösung zur Übungsaufgabe 3:   Buchungssätze

Zu I.:   €

1. Verb. a. L.u.L. an Bank   1 800,–
2. Waren an Kasse   2 600,–
3. B.-u. G.ausst. an Bank   920,–
4. Verb. a. L.u.L. an Pschk.   640,–
5. Bank an Kasse   1 160,–
6. Waren an Verb. a. L.u.L.   3 860,–
7. Langfr. Verb. an Bank   6 000,–
8. Unbeb. Grst.   49 000,–
         an Bank   45 000,–
         an Kasse   4 000,–
9. Kasse an B.-u. G.ausst.   5 000,–
10. Pschk.   280,–
    und Bank   600,–
           an Ford. a. L.u.L.   880,–
11. Kasse an Bank   200,–
12. Kasse   4 000,–
    und Bank   6 000,–
          an langfr. Verb.   10 000,–
13. Fuhrpark (B.-u. G.ausst.) an Verb. a. L.u.L.   32 000,–
14. Langfr. Verb.   1 890,–
          an Bank   1 600,–
          an Kasse   290,–
15. Verb. a. L.u.L. an Bank   340,–

Zu II.:   €

1. Überweisung vom Pschk. auf das Bankkonto   1 000,–
2. Wir tilgen eine langfristige Verbindlichkeit durch
   Barzahlung   5 000,–
3. Eine kurzfristige Verbindlichkeit in Höhe von   7 000,–
   wird über 6 000,– in eine langfristige umgewandelt,
   in Höhe von 1 000,– bar beglichen.
4. Einkauf eines Gegenstandes der B.-u. G.ausst.
   (Schreibmaschine, Schreibtisch, Regal o.ä.)   2 500,–
   gegen Barzahlung von 500,– und Banküberweisung von   2 000,–
5. Ein Kunde begleicht seine Schuld in Höhe von   2 200,–
   durch Postüberweisung über 500,– Banküberweisung über   1 400,–
   und Barzahlung über 300,–
6. Kauf eines bebauten Grundstücks im Wert von   10 000,–
   gegen langfristige Schuldanerkenntnis
7. Barverkauf eines Gegenstandes der B.-u. G.ausst.   900,–
8. Tilgung einer langfristigen Verbindlichkeit durch
   Banküberweisung   3 000,–
9. Zieleinkauf von Waren   1 000,–
10. Wir begleichen unsere Lieferantenverbindlichkeiten   2 000,–
    durch Postüberweisung über 1 400,– und Banküberweisung   600,–
11. Zielverkauf eines Gegenstandes der B.-u. G.ausst.   500,–

12. Banküberweisung auf Postscheckkonto   100,-
13. Bareinkauf von Waren für   200,-
14. Privatentnahme des Unternehmers vom Bankkonto   1 000,-
15. Bareinzahlung auf Postscheckkonto   300,-

Lösung zur Übungsaufgabe 4:   Getrennte Verbuchung privater und betrieblicher Eigenkapitalveränderungen

Zu 1.:

Aktiva	Eröffnungsbilanz zum 3.8.02		Passiva
BuGa.	6 300,-	Eigenkapital	34 900,-
Fuhrpark	5 600,-	Verbindlichkeiten	10 000,-
Kasse	8 000,-		
Bank	25 000,-		
	44 900,-		44 900,-

Zu 2.:

Buchungssätze: €

Eröffnungsbuchungen:	Alle Aktivkonten an EBK	44 900,-
	EBK an alle Passivkonten	44 900,-
oder: Alle Aktivkonten an alle Passivkonten		44 900,-

1. Bank	an Kasse	1 900,-
2. B.- u. G.ausst.	an Kasse	1 200,-
3. Kasse	an Erfolgskonto	600,-
4. Erfolgskonto	an Bank	80,-
5. Erfolgskonto	an Kasse	43,-
6. Privat	an Bank	5 000,-
7. Erfolgskonto	an Bank	365,-
8. Bank	an Erfolgskonto	1 300,-
9. Erfolgskonto	an Kasse	490,-
10. Erfolgskonto	an Kasse	243,-
11. Erfolgskonto	an Kasse	180,-
12. Bank	an Erfolgskonto	430,-
13. Erfolgskonto	an Bank	192,-
14. Kasse	an Privat	2 000,-
15. Kasse	an Erfolgskonto	2 600,-

Zu 3.:

S	B.- u. G.ausst.	H
AB	6 300,–	SBK 7 500,–
(2)	1 200,–	
	7 500,–	7 500,–

S	Fuhrpark	H
AB	5 600,–	SBK 5 600,–

S	Kasse	H
AB	8 000,–	(1) 1 900,–
(3)	600,–	(2) 1 200,–
(14)	2 000,–	(5) 43,–
(15)	2 600,–	(9) 490,–
		(10) 243,–
		(11) 180,–
		SBK 9 144,–
	13 200,–	13 200,–

S	Bank	H
AB	25 000,–	(4) 80,–
(1)	1 900,–	(5) 5 000,–
(8)	1 300,–	(7) 365,–
(12)	430,–	(13) 192,–
		SBK 22 993,–
	28 630,–	28 630,–

S	Eigenkapital	H
Privat	3 000,–	AB 34 900,–
SBK	35 237,–	Erfolgsk. 3 337,–
	38 237,–	38 237,–

S	Verb.	H
SBK	10 000,–	AB 10 000,–

S	Erfolgsk.	H
(4)	80,–	(3) 600,–
(5)	43,–	(8) 1 300,–
(7)	365,–	(12) 430,–
(9)	490,–	(15) 2 600,–
(10)	243,–	
(11)	180,–	
(13)	192,–	
EK	3 337,–	
	4 930,–	4 930,–

S	Privat	H
(6)	5 000,–	(14) 2 000,–
		EK 3 000,–
	5 000,–	5 000,–

Zu 4:

S	SBK	H
BuGa.	7 500,–	EK 35 237,–
PKW	5 600,–	Verb. 10 000,–
Kasse	9 144,–	
Bank	22 993,–	
	45 237,–	45 237,–

A	Schlußbilanz zum 312.1.02	P
BuGa.	7 500,–	EK 35 237,–
PKW	5 600,–	Verb. 10 000,–
Kasse	9 144,–	
Bank	22 993,–	
	45 237,–	45 237,–

Gewinn des Rumpfgeschäftsjahres 2002   3 337,–

Lösung zur Übungsaufgabe 5: Verbuchung auf gesonderten Aufwands- und Ertragskonten

Zu 1.:

Buchungssätze:

1.	Kasse	an	Provisionsertrag	800,–
2.	Büroaufwand	an	Bank	384,–
3.	Büroaufwand	an	Kasse	250,–
4.	Bank	an	Haus- und Grundstücksertrag	1 500,–
5.	Bank	an	Forderungen	1 250,–
6.	Forderungen	an	Provisionsertrag	5 600,–
7.	Haus- und Grundstücksaufwand	an	Bank	5 000,–
8.	Kasse	an	Haus- und Grundstücksertrag	750,–
9.	Privat	an	Kasse	560,–
10.	Haus- und Grundstücksaufwand	an	Verb.	20 000,–
11.	Büroaufwand	an	Kasse	165,–

12. Kasse   2 100,–
    und Bank   1 850,–

		an	Provisionsertrag	3 950,–
13.	Büroaufwand	an	Kasse	500,–
14.	Kasse	an	Haus- und Grundstücksertrag	750,–
15.	Privat	an	Kasse	4 615,–

S	beb. Grst.	H	S	B.- u. G.ausst.	H
Ab	350 000,–	SBK 350 000,–	AB	38 000,–	SBK 38 000,–

S	Ford. a. L.u.L.	H	S	Eigenkapital	H
AB	6 850,–	(5) 1 250,–	GuV.	12 949,–	AB 297 880,–
(6)	5 600,–	SBK 11 200,–	Privat	5 175,–	
			SBK	279 756,–	
	12 450,–	12 450,–		297 880,–	297 880,–

S	Privat	H	S	Verb. a. L.u.L.	H
(9)	560,–	EK 5 175,–	SBK	123 000,–	AB 103 000,–
Kasse	4 615,–				(10) 20 000,–
	5 175,–	5 175,–		123 000,–	123 000,–

S	Kasse	H	S	Bank	H
AB	1 690,–	(3) 250,–	AB	4 340,–	(2) 384,–
(1)	800,–	(9) 560,–	(4)	1 500,–	(7) 5 000,–
(8)	750,–	(11) 165,–	(5)	1 250,–	SBK 3 556,–
(12)	2 100,–	(13) 500,–	(12)	1 850,–	
(14)	750,–	Privat 4 615,–			
	6 090,–	6 090,–		8 940,–	8 940,–

S	Büroaufw.		H
(2)	384,–	GuV.	1 299,–
(3)	250,–		
(11)	165,–		
(13)	500,–		
	1 299,–		1 299,–

S	HuG A.		H
(7)	5 000,–	GuV.	25 000,–
(10)	20 000,–		
	25 000,–		25 000,–

S	Prov.ertrag		H
GuV.	10 350,–	(1)	800,–
		(6)	5 600,–
		(12)	3 950,–
	10 350,–		10 350,–

S	HuG E.		H
GuV.	3 000,–	(4)	1 500,–
		(8)	750,–
		(14)	750,–
	3 000,–		3 000,–

Zu 2.:

S	GuV.		H
B.aufw.	1 299,–	Prov.e.	10 350,–
HuGa.	25 000,–	HuGe.	3 000,–
		EK	12 949,–
	26 299,–		26 299,–

S	SBK		H
beb.		EK	279 756,–
Grst.	350 000,–	Verb.	
BuGa.	38 000,–	a.L.	123 000,–
Fo. a.L.	11 200,–		
Bank	3 556,–		
	402 756,–		402 756

Zu 3:

Interpretation:

Der Verlust von 12 949,– ergibt sich als Saldo des Erfolges aus der Vermittlungstätigkeit 9 051,– (Provisionsbeträge ∕ Büroaufwendungen) und dem Verlust aus der Hausvermietung 22 000,– (HuGa. ∕ HuGe.).

Dieses Ergebnis könnte zu dem Schluß veranlassen, daß es für Herrn Stromer günstiger sei, sich lediglich als Makler zu betätigen und das Haus zu verkaufen. Einer solchen Entscheidung müßten jedoch umfangreichere Informationen (ex post und auch ex ante) zugrundegelegt werden. So könnte z.B. die Begutachtung vorangegangener Jahresabschlüsse ein anderes Verhältnis von HuGa. und HuGe. ergeben, da die HuGa. oft aperiodisch anfallen.

Lösung zur Übungsaufgabe 6: Unterschiedliche Methoden der Verbuchung des Warenverkehrs

Zu 1:

S	Wareneink.		H
AB	90 000,–	Wa.V.	50 500,–
(a)	12 500,–	SBK	72 000,–
(c)	20 000,–		
	122 500,–		122 500,–

S	Eigenkapital		H
SBK	155 000,–	AB	90 000,–
		GuV.	65 000,–
	155 000,–		155 000,–

S	Ford. a. L.u.L.		H
(b)	33 000,–	SBK	115 500,–
(d)	82 500,–		
	115 500,–		115 500,–

S	Verb. a. L.u.L.		H
SBK	32 500,–	(a)	12 500,–
		(c)	20 000,–
	32 500,–		32 500,–

S	Warenverk.		H
WE	50 500,–	(b)	33 000,–
GuV.	65 000,–	(d)	82 500,–
	115 500,–		115 500,–

S	GuV.		H
EK	65 000,–	Wa.V.	65 000,–

S	SBK		H
Waren	72 000,–	EK	155 000,–
Fo.		Verb.	
a.L.	115 500,–	a.L.	32 500,–
	187 500,–		187 500,–

Zu 2:

S	Wareneink.		H
AB	138 000,–	GuV.	231 750,–
(c)	112 500,–	SBK	18 750,–
	250 500,–		250 500,–

S	EK		H
SBK	239 500,–	AB	138 000,–
		GuV.	101 500,–
	239 500,–		239 500,–

S	Ford. a. L.u.L.		H
(a)	101 000,–	SBK	333 250,–
(b)	102 000,–		
(d)	78 750,–		
(e)	51 500,–		
	333 250,–		333 250,–

S	Verb. a. L.u.L.		H
SBK	112 500,–	(c)	112 500,–

S	Warenverk.	H
GuV. 333 250,–	(a)	101 000,–
	(b)	102 000,–
	(d)	78 750,–
	(e)	51 500,–
333 250,–		333 250,–

S	GuV.	H
Waren 231 750,–	Wa.V.	333 250,–
EK 101 500,–		
333 250,–		333 250,–

S	SBK	H
Waren 18 750,–	EK	239 500,–
Fo.	Verb.	112 500,–
a. L. 333 250,–		
352 000,–		352 000,–

Zu 3:

S	Wareneinkauf	H
AB 15 000,–	(a)	7 500,–
(c) 18 000,–	(b)	4 500,–
(e) 4 800,–	(d)	10 500,–
	SBK	15 300,–
37 800,–		37 800,–

S	EK	H
SBK 24 200,–	AB	15 000,–
	GuV.	9 200,–
24 200,–		24 200,–

S	Ford. a. L.u.L.	H
(a) 11 000,–	SBK	31 700,–
(b) 6 000,–		
(d) 14 700,–		
31 700,–		31 700,–

S	Verb. a. L.u.L.	H
SBK 22 800,–	(c)	18 000,–
	(e)	4 800,–
22 800,–		22 800,–

S	Warenverk.	H
(a) 7 500,–	(a)	11 000,–
(b) 4 500,–	(b)	6 000,–
(d) 10 500,–	(d)	14 700,–
GuV. 9 200,–		
31 700,–		31 700,–

S	GuV.	H
EK 9 200,–	Wa.V.	9 200,–

S	SBK	H
Waren 15 300,–	EK	24 200,–
Fo.a.L. 31 700,–	Verb.	22 800,–
47 000,–		47 000,–

Zu 4:

S	Wareneink.	H
AB	54 400,–	(b) 20 400,–
(a)	13 600,–	(d) 54 400,–
(c)	34 000,–	SBK 34 200,–
(e)	7 000,–	
	109 000,–	109 000,–

S	EK	H
SBK	88 100,–	AB 54 400,–
		GuV. 33 700,–
	88 100,–	88 100,–

S	Ford. a. L.u.L.	H
(b)	28 500,–	SBK 108 500,–
(d)	80 000,–	
	108 500,–	108 500,–

S	Verb. a. L.u.L.	H
SBK	54 600,–	(a) 13 600,–
		(c) 34 000,–
		(d) 7 000,–
	54 600,–	54 600,–

S	Warenverk.	H
GuV.	108 500,–	(b) 28 500,–
		(d) 80 000,–
	108 500,–	108 500,–

S	Wesk.	H
(b)	20 400,–	GuV. 74 800,–
(d)	54 400,–	
	74 800,–	74 800,–

S	SBK	H
Waren Fo.	34 200,–	EK 88 100,–
a.L.	108 500,–	Verb. a.L. 54 600,–
	142 700,–	142 700,–

S	GuV.	H
Wesk.	74 800,–	Wa.V. 108 500,–
EK	33 700,–	
	108 500,–	108 500,–

Zu 5:

S	Wareneink.	H
AB	43 200,–	SBK 15 000,–
(a)	22 500,–	Wa.V. 82 500,–
(c)	31 800,–	
	97 500,–	97 500,–

S	EK	H
SBK	66 200,–	AB 43 200,–
		GuV. 23 000,–
	66 200,–	66 200,–

S	Ford. a. L.u.L.	H
(b)	66 500,–	SBK 105 500,–
(d)	20 000,–	
(e)	19 000,–	
	105 500,–	105 500,–

S	Warenverk.	H
WE	82 500,–	(b) 66 500,–
GuV.	23 000,–	(d) 20 000,–
		(e) 19 000,–
	105 500,–	105 500,–

S	Verb. a. L.u.L.	H
SBK	54 300,–	(a) 22 500,–
		(c) 31 800,–
	54 300,–	54 300,–

S	GuV.	H
EK	23 000,–	Wa.V. 23 000,–
	23 000,–	23 000,–

S		SBK		H
Waren	15 000,–	EK	66 200,–	
Fo.		Verb.		
a. L.	105 500,–	a. L.	54 300,–	
	120 500,–		120 500,–	

Warenanfangsbestand	6 000 kg à 7,20 $\hat{=}$	43 200,–
Wareneinkauf (a)	3 000 kg à 7,50 $\hat{=}$	22 500,–
Wareneinkauf (c)	4 000 kg à 7,95 $\hat{=}$	31 800,–
	13 000 kg à 7,50 $\hat{=}$	97 500,–

Durchschnittlicher Einkaufspreis: $\dfrac{97\,500}{13\,000} = 7,50$

Mengenmäßiger Endbestand: 13 000 kg − 11 000 kg = 2 000 kg
Wertmäßiger Endbestand: 2 000 · 7,50 = 15 000,–

Zu 6:

Warenanfangsbestand	6 000 Stck. à 5,— $\hat{=}$	30 000,–
(a) Zieleinkauf von Waren	4 000 Stck. à 6,— $\hat{=}$	24 000,–
Bestand	10 000 Stck. à 5,40 $\hat{=}$	54 000,–
(b) Zielverkauf (Einstandswert)	5 000 Stck. à 5,40 $\hat{=}$	27 000,–
Bestand	5 000 Stck. à 5,40 $\hat{=}$	27 000,–
(c) Zieleinkauf von Waren	5 000 Stck. à 6,20 $\hat{=}$	31 000,–
Bestand	10 000 Stck. à 5,80 $\hat{=}$	58 000,–
(d) Zielverkauf (Einst.wert)	9 000 Stck. à 5,80 $\hat{=}$	52 200,–
Bestand	1 000 Stck. à 5,80 $\hat{=}$	5 800,–
(e) Zieleinkauf von Waren	1 000 Stck. à 6,40 $\hat{=}$	6 400,–
Bestand	2 000 Stck. à 6,10 $\hat{=}$	12 200,–
(f) Zielverkauf (Einst.wert)	500 Stck. à 6,10 $\hat{=}$	3 050,–
Bestand	1 500 Stck. à 6.10 $\hat{=}$	9 150,–

S		Wareneink.		H		S		Warenverk.		H
AB	30 000,–	(b)	27 000,–			GuV.	139 100,–	(b)	45 000,–	
(a)	24 000,–	(d)	52 200,–					(d)	89 100,–	
(c)	31 000,–	(f)	3 050,–					(f)	5 000,–	
(e)	6 400,–	SBK	9 150,–							
	91 400,–		91 400,–						139 100,–	

S	Wesk.		H
(b)	27 000,–	GuV.	82 250,–
(d)	52 200,–		
(f)	3 050,–		
	82 250,–		82 250,–

S	Ford. a. L.u.L.		H
(b)	45 000,–	SBK	139 100,–
(d)	89 100,–		
(f)	5 000,–		
	139 100,–		139 100,–

S	Verb. a. L.u.L.		H
SBK	61 400,–	(a)	24 000,–
		(c)	31 000,–
		(e)	6 400,–
	61 400,–		61 400,–

S	EK		H
SBK	86 850,–	AB	30 000,–
		GuV.	56 850,–
	86 850,–		86 850,–

S	GuV.		H
Wesk.	82 250,–	Wa.V.	139 100
EK	56 850,–		
	139 100,–		139 100,–

S	SBK		H
Waren	9 150,–	EK	86 850,–
Fo.		Verb.	
a.L.	139 100,–	a.L.	61 400,–
	148 250,–		148 250,–

Lösung zur Übungsaufgabe 7: Verbuchung von Verzugskosten, Preisnachlässen und Rücksendungen

Zu 1:

1.	Wareneinkauf	8 000,–			
	Bezugskosten	800,–	an Verb. a. L.u.L.	8 800,–	
2.	Verb. a. L.u.L.	2 400,–	an Preisnachl. v. Lieferer	2 400,–	
3.	Kasse	4 000,–	an Warenverkauf	4 000,–	
4.	Rücksend. v. Kunden	1 000,–	an Verb. a. L.u.L.	1 000,–	
	sonstiger Aufwand	200,–	an Kasse	200,–	
5.	Wareneinkauf	2 000,–			
	Bezugskosten	200,–	an Verb. a. L.u.L.	2 200,–	
6.	Bank	1 000,–			
	Verb. a. L.u.L.	1 000,–	an Warenverkauf	2 000,–	
7.	Erlösberichtigungen	100,–	an Bank	100,–	
8.	Verb. a. L.u.L.	1 000,–	an Rücksend. an Lieferant.	1 000,–	
	Kasse	100,–	an Bezugskosten	100,–	
9.	Verb. a. L.u.L.	1 200,–	an Bank	1 200,–	
10.	Ford. a. L.u.L.	3 000,–	an Warenverkauf	3 000,–	
11.	Erlösberichtigungen	600,–	an Ford. a. L.u.L.	600,–	
12.	Kasse	2 400,–	an Ford. a. L.u.L.	2 400,–	
13.	Wareneinkauf	2 000,–	an Verb. a. L.u.L.	2 000,–	
	Bezugskosten	200,–	an Kasse	200,–	
14.	Verb. a. L.u.L.	300,–	an Preisnachl. von Lief.	300,–	

15. Ford. a. L.u.L.	1 000,–	an Warenverkauf	1 000,–
16. Rücksend. von Kunden		an Ford. a. L.u.L.	1 000,–
sonst. Aufwand		an Kasse	100,–
Ford. a. L.u.L.		an Warenverkauf	1 000,–
sonst. Aufwand		an Bank	100,–
zusammen:			
Rücksend. von Kunden		an Warenverkauf	1 000,–
sonst. Aufwand	200,–	an Kasse	100,–
		Bank	100,–
17. Erlösberichtigungen		an Ford. a. L.u.L.	100,–
18. Kasse		an Ford. a. L.u.L.	900,–
19. Ford. a. L.u.L.		an Warenverkauf	2 000,–
sonst. Aufwand		an Kasse	180,–
20. SBK		an Wareneinkauf	3 300,–

Zu 2:

S	Kasse		H
AB	10 000,–	(4)	200,–
(3)	4 000,–	(13)	200,–
(8)	100,–	(16)	100,–
(12)	2 400,–	(19)	180,–
(18)	900,–	SBK	16 720,–
	17 400,–		17 400,–

S	EK		H
SBK	13 520,–	AB	10 000,–
		GuV.	3 520,–
	13 520,–		13 520,–

S	Ford. a. L.u.L.		H
(10)	3 000,–	(11)	600,–
(15)	1 000,–	(12)	2 400,–
(19)	2 000,–	(17)	100,–
		(18)	900,–
		SBK	2 000,–
	6 000,–		6 000,–

S	sonst. Aufw.		H
(4)	200,–	GuV.	580,–
(16)	200,–		
(19)	180,–		
	580,–		580,–

S	Verb. a. L.u.L.		H
(2)	2 400,–	(1)	8 800,–
(6)	1 000,–	(4)	1 000,–
(8)	1 000,–	(5)	2 200,–
(9)	1 200,–	(13)	2 000,–
(14)	300,–		
SBK	8 100,–		
	14 000,–		14 000,–

S	Bank		H
(6)	1 000,–	(7)	100,–
SBK	400,–	(9)	1 200,–
		(16)	100,–
	1 400,–		1 400,–

S	Rücks. an Lieferer		H
WE.	1 000,–	(8)	1 000,–

S	Wareneink.		H
(1)	8 000,–	Rs. a.	
(5)	2 000,–	Lief.	1 000,–
(13)	2 000,–	P.nachl.	2 700,–
Bez. Ko.	1 100,–	Wa.V.	6 100,–
		SBK	3 300,–
	13 100,–		13 100,–

S	Preisn. v. Lieferer		H
WE.	2 700,–	(2)	2 400,–
		(14)	300,–
	2 700,–		2 700,–

S	Bezugskosten		H
(1)	800,–	(8)	100,–
(5)	200,–	WE.	1 100,–
(13)	200,–		
	1 200,–		1 200,–

S	Erlösberichtig.		H
(7)	100,–	Wa.V.	800,–
(11)	600,–		
(17)	100,–		
	800,–		800,–

S	Warenverkauf		H
Erl.ber.	800,–	(3)	4 000,–
Rücks.		(6)	2 000,–
v.K.	2 000,–	(10)	3 000,–
WE.	6 100,–	(15)	1 000,–
GuV.	4 100,–	(16)	1 000,–
		(19)	2 000,–
	13 000,–		13 000,–

S	Rücksend. v. Kunden		H
(4)	1 000,–	Wa.V.	2 000,–
(16)	1 000,–		
	2 000,–		2 000,–

Zu 3:

S	GuV.		H
sonst.		Wa.V.	4 100,–
Aufw.	580,–		
EK	3 520,–		
	4 100,–		4 100,–

S	SBK		H
Waren	3 300,–	EK	13 520,–
Kasse	16 720,–	Bankverb.	400,–
Ford.	2 000,–	Verb.	
		a. L.	8 100,–
	22 020,–		22 020,–

Lösung zur Übungsaufgabe 8: Skonti, Boni, Rabatte

Buchungssätze:

1.	Ford. a. L.u.L.		an Warenverkauf (R)	2 000,–
2.	Wareneinkauf (F)		an Verb. a. L.u.L.	5 000,–
	Bezugskosten (F)		an Kasse	500,–
3.	Bank	1 455,–		
	Erlösbericht. (R)	545,–	an Ford. a. L.u.L.	2 000,–
4.	Wareneinkauf (R)	3 000,–	an Verb. a. L.u.L.	3 000,–
	Bezugskosten (R)	150,–	an Kasse	150,–
5.	Kasse		an Warenverkauf (F)	2 250,–
6.	Verb. a. L.u.L.	5 000,–	an Bank	4 900,–
			an Preisnachl. (F)	100,–
7.	Erlösbericht (F)		an Bank	200,–
8.	Verb. a. L.u.L.	3 000,–	an Bank	2 910,–
			an Preisnachl. (R)	90,–
9.	Ford. a. L.u.L.		an Warenverkauf (F)	3 000,–
10.	Bank	2 910,–	an Ford. a. L.u.L.	3 000,–
	Erlösbericht. (F)	90,–		
11.	Kasse		an Preisnachl. (R)	500,–
12.	Privat		an Kasse	3 000,–
	a) SBK		an Wareneinkauf (R)	22 050,–
	b) SBK		an Wareneinkauf (F)	27 500,–

Verbuchung:

S	B.- u. G.ausst.		H
AB	25 000,–	SBK	25 000,–

S	Wareneink. (R)		H
AB	20 000,–	P.nachl.	590,–
(4)	3 000,–	Wa.V.	510,–
Bez.ko.	150,–	SBK	22 050,–
	23 150,–		23 150,–

S	Wareneink. (F)		H
Ab	25 000,–	P.nachl.	100,–
(2)	5 000,–	Wa.V.	2 900,–
Bez.ko.	500,–	SBK	27 500,–
	30 500,–		30 500,–

S	Bank		H
AB	15 000,–	(6)	4 900,–
(3)	1 455,–	(7)	200,–
(10)	2 910,–	(8)	2 910,–
		SBK	11 355,–
	19 365,–		19 365,–

S	Ford. a. L.u.L.		H
AB	10 000,–	(3)	2 000,–
(1)	2 000,–	(10)	3 000,–
(9)	3 000,–	SBK	10 000,–
	15 000,–		15 000,–

S	Kasse		H
AB	5 000,–	(2)	500,–
(5)	2 250,–	(4)	150,–
(11)	500,–	(12)	3 000,–
		SBK	4 100,–
	7 750,–		7 750,–

S	Verb. a. L.u.L.		H
(6)	5 000,–	AB	30 000,–
(8)	3 000,–	(2)	5 000,–
SBK	30 000,–	(4)	3 000,–
	38 000,–		38 000,–

S	Warenverk (R)		H
Erl.ber.	545,–	(1)	2 000,–
WE.	510,–		
GuV.	945,–		
	2 000,–		2 000,–

S	Warenverk. (F)		H
Erl.ber.	290,–	(5)	2 250,–
WE.	2 900,–	(9)	3 000,–
GuV.	2 060,–		
	5 250,–		5 250,–

S	EK		H
Privat	3 000,–	AB	70 000,–
SBK	70 005,–	GuV.	3 005,–
	73 005,–		73 005,–

S	Bez.ko. (R)		H
(4)	150,–	WE.	150,–

S	Bez.ko (F)		H
(2)	500,–	WE.	500,–

S	Preisnachl. (R)		H
WE.	590,–	(8)	90,–
		(11)	500,–
	590,–		590,–

S	Preisnachl. (F)		H
WE.	100,–	(6)	100,–

S	Erlösber. (R)		H
(3)	545,–	Wa.V.	545,–

S	Erlösber. (F)		H
(7)	200,–	Wa.V.	290,–
(10)	90,–		
	290,–		290,–

S	Privat		H
(12)	3 000,–	EK	3 000,–

S	GuV.		H
EK	3 005,–	Wa.V.(R)	945,–
		Wa.V.(F)	2 060,–
	3 005,–		3 005,–

S	SBK		H
BuGa.	25 000,–	EK	70 005,–
Waren		Verb.	30 000,–
R	22 050,–		
Waren			
F	27 500,–		
Fo.			
a.L.	10 000,–		
Bank	11 355,–		
Kasse	4 100,–		
	100 005,–		100 005,–

Lösung zur Übungsaufgabe 9: Verbuchung industrieller Erzeugnisse

Buchungssätze:

1.	2000 Rohstoffe	an 440 Verb. a. L.u.L.	2 500,–
2.	620 Löhne u. Gehälter	an 288 Kasse	5 200,–
3.	240 Ford. a. L.u.L.	an 500 Umsatzerlöse	1 400,–
4.	616 Reparatur	an 280 Bank	350,–
5.	680 Büromaterial	an 288 Kasse	250,–
6.	280 Bank	an 240 Ford. a. L.u.L.	8 500,–
7.	600 Aufw. Rohstoffe	an 200 Rohstoffe	3 100,–
8.	603 Aufw. Betriebstoffe	an 203 Betriebsstoffe	400,–
9.	602 Aufw. Hilfsstoffe	an 202 Hilfsstoffe	900,–
10.	240 Ford. a. L.u.L.	an 500 Umsatzerlöse	11 500,–

Verbuchung:

S	288 Kasse		H
AB	7 000,–	(2)	5 200,–
		(5)	250,–
		(89)	1 550,–
	7 000,–		7 000,–

S	280 Bank		H
AB	19 000,–	(4)	350,–
(6)	8 500,–	(89)	27 150,–
	27 500,–		27 500,–

S	200 Rohstoffe		H
AB	10 000,–	(7)	3 100,–
(1)	2 500,–	(89)	9 400,–
	12 500,–		12 500,–

S	202 Hilfsst.		H
AB	3 000,–	(9)	900,–
		(89)	2 100,–
	3 000,–		3 000,–

S	203 Betr.st.		H
AB	1 000,–	(8)	400,–
		(89)	600,–
	1 000,–		1 000,–

S	240 Ford. a. L.u.L.		H
AB	12 000,–	(6)	8 500,–
(3)	1 400,–	(89)	16 400,–
(10)	11 500,–		
	24 900,–		24 900,–

S	300 EK		H
(89)	41 700,–	AB	39 000,–
		(81)	2 700,–
	41 700,–		41 700,–

S	440 Verb. a. L.u.L.		H
(89)	15 500,–	AB	13 000,–
		(1)	2 500,–
	15 500,–		15 500,–

S	500 Ums. erl.		H
GuV.	12 900,–	(3)	1 400,–
		(10)	11 500,–
	12 900,–		12 900,–

S	600 Aufw. Rst.		H
(7)	3 100,–	GuV.	3 100,–

S	602 Aufw. Hst.	H
(9)	900,–	GuV. 900,–

S	603 Aufw. Bst.	H
(8)	400,–	GuV. 400,–

S	616 Reparatur	H
(4)	350,–	GuV. 350,–

S	620 Löhne u. Geh.	H
(2)	5 200,–	GuV. 5 200,–

S	680 Büromaterial	H
(5)	250,–	GuV. 250,–

S	802 GuV.		H
(600)	3 100,–	(500)	12 900,–
(602)	900,–		
(603)	400,–		
(620)	5 200,–		
(616)	350,–		
(680)	250,–		
(300)	2 700,–		
	12 900,–		12 900,–

S	801 SBK		H
(288)	1 550,–	(300)	41 700,–
(280)	27 150,–	(440)	15 500,–
(200)	9 400,–		
(202)	2 100,–		
(203)	600,–		
(240)	16 400,–		
	57 200,–		57 200,–

Lösung zur Übungsaufgabe 10: Bestandsveränderungen an fertigen und unfertigen Erzeugnissen

Buchungssätze:

Laufende Geschäftsvorfälle:

1.	600 Aufwand Rohstoffe		an 200 Rohstoffe	3 000,–
2.	280 Bank	2 450,–		
	516 Skonti	50,–	an 240 Ford. a. L.u.L.	2 500,–
3.	200 Rohstoffe		an 440 Verb. a. L.u.L.	2 100,–
4.	2001 Ank. Rohst.		an 288 Kasse	75,–
5.	620 Löhne und Geh.		an 280 Bank	8 000,–
6.	240 Ford. a. L.u.L.		an 500 Umsatzerlöse	15 000,–
7.	518 Andere Erlösber.		an 240 Ford. a. L.u.L.	600,–

Vorbereitende Abschlußbuchungen:

a)	801 SBK	an 210 Unfertige Erz.	4 500,–
b)	801 SBK	an 220 Fertige Erz.	2 500,–
c)	200 Rohstoffe	an 2001 Ank. Rohstoffe	75,–
d)	210 Unfertige Erz.	an 52 Bestandsveränd.	500,–
e)	52 Bestandsveränd.	an 220 Fertige Erz.	3 500,–
f)	500 Umsatzerlöse	an 516 Skonti	50,–
g)	500 Umsatzerlöse	an 518 Andere Erlösber.	600,–

h) 500 Umsatzerlöse	an 802 GuV.	14 350,–
i) 802 GuV.	an 52 Bestandsveränd.	3 000,–
j) 802 GuV.	an 600 Aufwand Rohstoffe	3 000,–
k) 802 GuV.	an 620 Löhne und Gehälter	8 000,–
l) 802 GuV.	an 300 EK	350,–

Abschluß der verbleibenden aktiven und passiven Bestandskonten.

Verbuchung:

S	05 Grundst.	H
AB	70 000,–	(801) 70 000,–

S	07 Masch.	H
AB	60 000,–	(801) 60 000,–

S	08 BuGa.	H
AB	20 000,–	(801) 20 000,–

S	288 Kasse	H
AB	3 000,–	(4) 75,–
		(801) 2 925,–
	3 000,–	3 000,–

S	280 Bank	H
AB	14 000,–	(5) 8 000,–
(2)	2 450,–	(801) 8 450,–
	16 450,–	16 450,–

S	200 Rohstoffe	H
AB	15 000,–	(1) 3 000,–
(3)	2 100,–	(801) 14 175,–
(2001)	75,–	
	17 175,–	17 175,–

S	2001 Ank. Rohst.	H
(4)	75,–	(2000) 75,–

S	210 Unfert. Erz.	H
AB	4 000,–	(801) 4 500,–
(52)	500,–	
	4 500,–	4 500,–

S	220 Fert. Erz.	H
AB	6 000,–	(801) 2 500,–
		(52) 3 500,–
	6 000,–	6 000,–

S	240 Ford. a. L.u.L.	H
AB	8 000,–	(2) 2 500,–
(6)	15 000,–	(7) 600,–
		(801) 19 900,–
	23 000,–	23 000,–

S	300 EK	H
(801)	140 350,–	AB 140 000,–
		GuV. 350,–
	140 350,–	140 350,–

S	440 Verb. a. L.u.L.	H
(801)	62 100,–	AB 60 000,–
		(3) 2 100,–
	62 100,–	62 100,–

S	500 Umsatzerl.	H
(516)	50,–	(6) 15 000,–
(518)	600,–	
(802)	14 350,–	
	15 000,–	15 000,–

S	516 Erlösber.	H
(2)	50,–	(500) 50,–

S	52 Bestandsveränd.	H
(220)	3 500,–	(210)	500,–
		(802)	3 000,–
	3 500,–		3 500,–

S	600 Aufw. Rohst.	H
(1)	3 000,–	(802)	3 000,–

S	620 Löhne u. Geh.	H
(5)	8 000,–	(802)	8 000,–

S	518 Andere Erlösber.	H
(7)	600,–	(500)	600,–

S	802 GuV.	H
(52)	3 000,–	(500)	14 350,–
(600)	3 000,–		
(620)	8 000,–		
EK	350,–		
	14 350,–		14 350,–

S	801 SBK	H
(210)	4 500,–	(300)	140 350,–
(220)	2 500,–	(440)	62 100,–
(05)	70 000,–		
(07)	60 000,–		
(08)	20 000,–		
(288)	2 925,–		
(280)	8 450,–		
(200)	14 175,–		
(240)	19 900,–		
	202 450,–		202 450,–

Lösung zur Übungsaufgabe 11: Verbuchung industrieller Erzeugnisse

S	05 Grundstücke u. Gebäude	H
AB	160 000,–	EB	160 000,–

S	07 Maschinen	H
AB	54 000,–	EB	54 000,–

S	08 Betriebs- u. Geschäftsausst.	H
AB	40 000,–	EB	40 000,–

S	200 Rohstoffe	H
AB	25 000,–	(4)	22 000,–
(1)	5 000,–	(13)	3 000,–
(10)	10 000,–	(2002)	1 000,–
(2001)	400,–	EB	14 400,–
	40 400,–		40 400,–

S	202 Hilfsstoffe	H
AB	10 000,–	(4)	5 000,–
(6)	9 800,–	(2022)	3 283,–
		EB	11 517,–
	19 800,–		19 800,–

S	203 Betriebsstoffe	H
AB	6 000,–	(4)	3 000,–
		EB	3 000,–
	6 000,–		6 000,–

S	2001 ANK. Rohstoffe	H
(1)	400,–	S.	400,–

S	2002 Preisn. Rohst.	H
S.	1 000,–	(15)	1 000,–

S	2022 Preisn. Hilfs.	H
S.	3 283,–	(7) 2 940,–
		(8) 343,–
	3 283,–	3 283,–

S	600 Aufw. Rohstoffe	H
(4) 22 000,–		S. 25 000,–
(13) 3 000,–		
25 000,–		25 000,–

S	602 Aufw. Hilfsst.	H
(4)	5 000,–	S. 5 000,–

S	603 Aufw. Betriebs.	H
(4)	3 000,–	S. 3 000,–

S	210 Unf. Erzeugnisse	H
AB	60 000,–	(14) 2 700,–
(5)	3 000,–	EB 60 300,–
	63 000,–	63 000,–

S	220 Fertigerzeugnisse	H
AB	40 000,–	(2) 23 400,–
(9)	3 120,–	(11) 11 700,–
		EB 8 020,–
	43 120,–	43 120,–

S	500 Umsatzerlöse	H
516	588,–	(2) 58 800,–
518	11 760,–	(11) 29 400,–
S.	75 852,–	
	88 200,–	88 200,–

S	240 Forderungen	H
AB	23 000,–	(12) 29 400,–
(11)	29 400,–	EB 23 000,–
	52 400,–	52 400,–

S	520 Bestandsveränd.	H
(2)	23 400,–	(5) 3 000,–
(11)	11 700,–	(9) 3 120,–
(14)	2 700,–	S. 31 680,–
	37 800,–	37 800,–

S	516 Skonti	H
(12)	588,–	S. 588,–

S	518 Andere Erlösber.	H
(3)	11 760,–	S. 11 760,–

S	280 Bank	H
AB	37 000,–	(8) 6 517,–
(2)	58 000,–	(16) 15 000,–
(12)	28 812,–	EB 104 095,–
(15)	1 000,–	
	125 612,–	125 612,–

S	288 Kasse	H
AB	29 000,–	(1) 400,–
		(3) 11 760,–
		(10) 10 000,–
		EB 6 840,–
	29 000,–	29 000,–

S	300 Eigenkapital	H
(3002)	15 000,–	AB 227 000,–
EB	223 172,–	GuV. 11 172,–
	238 172,–	238 172,–

S	410 Lang. Darlehen	H
EB	189 000,–	AB 189 000,–

S	3002 Privatkonto		H	S	440 Verbindlichkeiten		H
(16)	15 000,–	S.	15 000,–	(7)	2 940,–	AB	68 000,–
				(8)	6 860,–	(1)	5 000,–
				EB	73 000,–	(6)	9 800,–
					82 800,–		82 800,–

S	Gewinn- und Verlustkonto		H
(600)	25 000,–	(500)	75 852,–
(602)	5 000,–		
(603)	3 000,–		
(520)	31 680,–		
S.	11 172,–		
	75 852,–		75 852,–

S	Schlußbilanzkonto		H
(05)	160 000,–	(300)	223 172,–
(07)	54 000,–	(410)	189 000,–
(08)	40 000,–	(440)	73 000,–
(200)	14 400,–		
(202)	11 517,–		
(203)	3 000,–		
(210)	60 300,–		
(220)	8 000,–		
(240)	23 000,–		
(280)	104 095,–		
(288)	6 840,–		
	485 172,–		485 172,–

Lösung zur Übungsaufgabe 12: Verbuchung industrieller Erzeugnisse

Buchungssätze zu den laufenden Geschäftsvorfällen:

1. 200 Rohstoffe		an 440 Verb. a. L.u.L.	3 000,–
2001 Ank. Rohstoffe		an 288 Kasse	300,–
2. 616 Reparaturen		an 280 Bank	700,–
3. 693 sonstiger Aufwand		an 280 Bank	190,–
4. 240 Forderungen a. L.u.L.		500 Umsatzerlöse	8 000,–
52 Bestandsveränd.		an 220 Fertig. Erz.	5 000,–
5. 600 Aufw. Rohstoffe		an 200 Rohstoffe	5 000,–
6. 280 Bank	7 760,–		
516 Skonti	240,–	an 240 Forderungen	8 000,–

7.	620 Löhne und Geh.		an 288 Kasse	800,–
8.	3002 Privat		an 500 Umsatzerlöse	3 000,–
	52 Bestandsveränd.		an 220 Fertige Erz.	3 000,–
9.	52 Bestandsveränd.		an 210 Unfertige Erz.	6 000,–
10.	600 Aufwand Rohstoffe		an 200 Rohstoffe	1 000,–
11.	602 Löhne und Geh.		an 280 Bank	2 000,–
12.	220 Fertige Erz.		an 52 Bestandsveränd.	9 000,–
13.	200 Rohstoffe	2 000,–		
	2001 Ank. Rohst.	200,–	an 440 Verb. a. L.u.L.	2 200,–
14.	440 Verb. a. L.u.L.		an 2002 Preisnachl. Rst.	500,–
15.	680 Büromaterial		an 288 Kasse	250,–
16.	600 Aufwand Rohstoffe		an 200 Rohstoffe	3 000,–
17.	210 Unfertige Erz.		an 52 Bestandsveränd.	5 000,–
18.	240 Ford. a. L.u.L.		an 500 Umsatzerlöse	7 000,–
	52 Bestandsveränd.		an 210 Unfertige Erz.	5 000,–
19.	518 Andere Erlösbericht.		an 240 Ford. a. L.u.L.	700,–
20.	280 Bank	6 111,–		
	516 Skonti	189,–	an 240 Ford. a. L.u.L.	6 300,–

Buchungssätze zu den Abschlußangaben:

a)	602 Aufwand Hst.		an 2020 Hilfsstoffe	1 000,–
	801 SBK		an 2020 Hilfsstoffe	2 000,–
b)	693 sonstiger Aufwand		an 288 Kasse	500,–
c)	440 Verb. a. L.u.L.		an 2002 Preisnachl. Rst.	1 000,–
d)	200 Rohstoffe		an 2001 Ank. Rohstoffe	500,–
e)	2002 Preisnachl. Rst.		an 200 Rohstoffe	1 500,–
f)	300 EK		an 3002 Privat	3 000,–
g)	500 Umsatzerlöse		an 516 Skonti	1 129,–
h)	500 Umsatzerlöse		an 518 Andere Erklösber.	700,–

Verbuchung:

S	05 beb. Grst.	H	S	07 Masch.	H
AB	100 000,–	(801) 100 000,–	AB	35 000,–	(801) 35 000,–

S	08 BuGa.	H	S	200 Rohst.	H
AB	12 000,–	(801) 12 000,–	AB	15 000,–	(5) 5 000,–
			(1)	3 000,–	(10) 1 000,–
			(13)	2 000,–	(16) 3 000,–
			(2001)	500,–	(2002) 1 500,–
					(801) 10 000,–
				20 500,–	20 500,–

S	2001 Ank. Rst.	H	S	2002 Preisnachl. Rst.	H
(1)	300,–	(200) 500,–	(200)	1 500,–	(14) 500,–
(13)	200,–				(440) 1 000,–
	500,–	500,–		1 500,–	1 500,–

S	2020 Hilfsst.	H
AB	3 000,–	(602) 1 000,–
		(801) 2 000,–
	3 000,–	3 000,–

S	210 Unfert. Erz.	H
AB	18 000,–	(9) 6 000,–
(17)	5 000,–	(18b) 5 000,–
		(801) 12 000,–
	23 000,–	23 000,–

S	220 Fert. Erz.	H
AB	16 000,–	(4b) 5 000,–
(12)	9 000,–	(8b) 3 000,–
		(801) 17 000,–
	25 000,–	25 000,–

S	240 Ford.	H
AB	25 000,–	(6) 8 000,–
(4a)	8 000,–	(19) 700,–
(18a)	7 000,–	(20) 6 300,–
		(801) 25 000,–
	40 000,–	40 000,–

S	288 Kasse	H
AB	6 000,–	(1) 300,–
		(7) 800,–
		(15) 250,–
		(693) 500,–
		(801) 4 150,–
	6 000,–	6 000,–

S	280 Bank	H
AB	14 000,–	(2) 700,–
(6)	7 760,–	(3) 190,–
(20)	6 111,–	(11) 2 000,–
		(801) 24 981,–
	27 871,–	27 871,–

S	300 EK	H
(301)	3 000,–	AB 149 000,–
(802)	2 569,–	
(801)	143 431,–	
	149 000,–	149 000,–

S	3002 Privat	H
(8a)	3 000,–	(300) 3 000,–

S	440 Verb. a. L. u. L.	H
(14)	500,–	AB 95 000,–
(2002)	1 000,–	(1) 3 000,–
(801)	98 700,–	(13) 2 200,–
	100 200,–	100 200,–

S	500 Umsatzerl.	H
(518)	700,–	(4a) 8 000,–
(516)	429,–	(8a) 3 000,–
(81)	16 871,–	(18a) 7 000,–
	18 000,–	18 000,–

S	516 Skonti	H
(6)	240,–	(500) 1 129,–
(20)	189,–	
	429,–	429,–

S	52 Bestandsver.	H
(4b)	5 000,–	(12) 9 000,–
(8b)	3 000,–	(17) 5 000,–
(9)	6 000,–	(802) 5 000,–
(18b)	5 000,–	
	19 000,–	19 000,–

S	518 Andere Erlösber.		H
(19)	700,–	(500)	700,–

S	600 Aufw. Rst.		H
(5)	5 000,–	(802)	9 000,–
(10)	1 000,–		
(16)	3 000,–		
	9 000,–		9 000,–

S	602 Aufw. Hst.		H
(2020)	1 000,–	(802)	1 000,–

S	620 Löhne u. Geh.		H
(7)	800,–	(802)	2 800,–
(11)	2 000,–		
	2 800,–		2 800,–

S	616 Reparatur		H
(2)	700,–	(802)	700,–

S	680 Büromaterial		H
(15)	250,–	(802)	250,–

S	693 sonst. Aufw.		H
(3)	190,–	(802)	690,–
(b)	500,–		
	690,–		690,–

S	802 GuV.		H
(52)	5 000,–	(500)	16 871,–
(600)	9 000,–	(300)	2 569,–
(602)	1 000,–		
(620)	2 800,–		
(616)	700,–		
(680)	250,–		
(693)	690,–		
	19 440,–		19 440,–

S	801 SBK		H
(2020)	2 000,–	(300)	143 431,–
(05)	100 000,–	(440)	98 700,–
(07)	35 000,–		
(08)	12 000,–		
(200)	10 000,–		
(210)	12 000,–		
(220)	17 000,–		
(240)	25 000,–		
(288)	4 150,–		
(280)	24 981,–		
	242 131,–		242 131,–

Lösung zur Übungsaufgabe 13: Umsatzsteuergrundfälle

I. Buchungssätze zu den laufenden Geschäftsvorfällen:

1.	200 Rohstoffe	4 200,–			
	260 Vorsteuer	420,–	an 440 Verb. a. L.u.L.	4 620,–	
2.	2001 Ank. Rohst.	300,–			
	260 Vorsteuer	30,–	an 288 Kasse	330,–	
3.	440 Verb. a. L.u.L.		an 280 Bank	6 400,–	
4.	200 Rohstoffe	2 000,–			
	260 Vorsteuer	200,–	an 440 Verb. a. L.u.L.	2 200,–	
5.	240 Ford. a. L.u.L.	19 360,–	an 500 Umsatzerlöse	17 600,–	
			481 Mehrwertst.	1 760,–	
6.	620 Löhne u. Geh.	7 000,–	an 280 Bank	7 000,–	
7.	600 Aufw. Rohst.	13 000,–	an 200 Rohstoffe	13 000,–	
8.	280 Bank		an 240 Ford. a. L.u.L.	18 000,–	
9.	240 Ford. a. L.u.L.	8 800,–	an 500 Umsatzerlöse	8 000,–	
			481 Mehrwertst.	800,–	
10.	680 Büromaterial	90,–			
	260 Vorsteuer	9,–	an 288 Kasse	99,–	

Vorbereitende Abschlußbuchungen:

a)	801 SBK	an 210 Unfertige Erz.	10 000,–
b)	801 SBK	an 220 Fertige Erz.	14 000,–
c)	200 Rohstoffe	an 2001 Ank. Rohst.	300,–
d)	52 Bestandsveränd.	an 210 Unfertige Erz.	2 000,–
e)	220 Fertige Erz.	an 52 Bestandsveränd.	6 000,–
f)	482 MwSt.-Verrk.	an 260 Vorsteuer	659,–
g)	481 Mehrwertst.	an 482 MwSt.-Verrk.	2 560,–
h)	482 MwSt.-Verrk.	an 480 sonst. Verb.	1 901,–
i)	alle Ertragskonten	an 802 GuV.	29 600,–
j)	802 GuV.	an alle Aufwandskonten	20 090,–
k)	802 Guv.	an 300 EK	9 510,–
l)	801 SBK	an alle aktiven	
		Bestandskonten	196 831,–
	(incl. Fälle a und b)		
m)	alle passiven Bestandskonten	an 801 SBK	196 831,–

Verbuchung:

S	07 Masch.	H
AB	60 000,–	(801) 60 000,–

S	08 BuGa.	H
AB	20 000,–	(801) 20 000,–

S	288 Kasse	H
AB	6 000,–	(2) 330,–
		(10) 99,–
		(801) 5 571,–
	6 000,–	6 000,–

S	280 Bank	H
AB	25 000,–	(3) 6 400,–
(8)	18 000,–	(6) 7 000,–
		(801) 29 600,–
	43 000,–	43 000,–

S	200 Rohst.		H
AB	40 000,–	(7)	13 000,–
(1)	4 200,–	(801)	33 500,–
(4)	2 000,–		
(2001)	300,–		
	46 500,–		46 500,–

S	2001 Ank. Rst.		H
(2)	300,–	(200)	300,–

S	210 Unfert. Erz.		H
AB	12 000,–	(801)	10 000,–
		(52)	2 000,–
	12 000,–		12 000,–

S	220 Fertige Erz.		H
AB	8 000,–	(801)	14 000,–
(52)	6 000,–		
	14 000,–		14 000,–

S	240 Ford. a. L.u.L.		H
AB	14 000,–	(8)	18 000,–
(5)	19 360,–	(801)	24 160,–
(9)	8 800,–		
	42 160,–		42 160,–

S	260 Vst.		H
(1)	420,–	(482)	659,–
(2)	30,–		
(4)	200,–		
(10)	9,–		
	659,–		659,–

S	300 EK		H
(801)	159 510,–	AB	150 000,–
		(802)	9 510,–
	159 510,–		159 510,–

S	440 Verb. a. L.u.L.		H
(3)	6 400,–	AB	35 000,–
(801)	35 420,–	(1)	4 620,–
		(4)	2 200,–
	41 820,–		41 820,–

S	480 sonst. Verb.		H
(801)	1 901,–	(482)	1 901,–

S	481 MwSt.		H
(482)	2 560,–	(5)	1 760,–
		(9)	800,–
	2 560,–		2 560,–

S	482 USt. Verr.kto.		H
(260)	659,–	(481)	2 560,–
(480)	1 901		
	2 560,–		2 560,–

S	500 Umsatzerl.		H
(802)	25 600,–	(5)	17 600,–
		(9)	8 000,–
	25 600,–		25 600,–

S	52 Bestandsver.		H
(210)	2 000,–	(220)	6 000,–
(802)	4 000,–		
	6 000,–		6 000,–

S	600 Aufw. Rohst.		H
(7)	13 000,–	(802)	1 360,–

S	620 Löhne und Geh.		H
(6)	7 000,–	(802)	7 000,–

S	680 Büromaterial		H
(10)	90,–	(802)	90,–

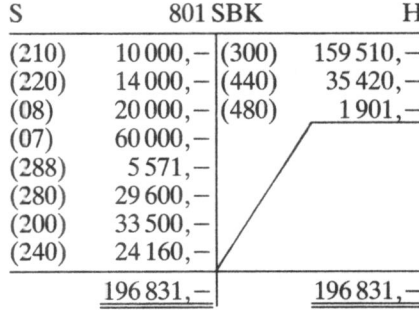

S	802 GuV.			H
(600)	13 000,–	(500)	25 600,–	
(620)	7 000,–	(52)	4 000,–	
(680)	90,–			
(300)	9 510,–			
	29 600,–		29 600,–	

S	801 SBK			H
(210)	10 000,–	(300)	159 510,–	
(220)	14 000,–	(440)	35 420,–	
(08)	20 000,–	(480)	1 901,–	
(07)	60 000,–			
(288)	5 571,–			
(280)	29 600,–			
(200)	33 500,–			
(240)	24 160,–			
	196 831,–		196 831,–	

Lösung zur Übungsaufgabe 14: Verbuchung der Umsatz-
steuer bei nachträglichen
Minderungen des Entgelts

Buchungssätze zu den laufenden Geschäftsvorfällen:

1. 200 Rohstoffe   11 000,–   an 440 Verb. a. L.u.L.   12 100,–
   260 Vorsteuer   1 100,–
2. 2001 Ank.-Rohstoffe   150,–
   260 Vorsteuer   15,–   an 288 Kasse   165,–
3. 440 Verb. a. L.u.L.   12 100,–   an 280 Bank   11 858,–
                                          2002 Preisnachl.   220,–
                                          260 Vorsteuer   22,–
4. 600 Aufwand Rst.   an 200 Rohstoffe   11 900,–
5. 3002 Privat   550,–   an 500 Umsatzerlöse   500,–
                                          481 Mehrwertst.   50,–
6. 620 Löhne u. Gehälter   an 288 Kasse   3 200,–
7. 2020 Hilfsstoffe   4 900,–
   260 Vorsteuer   490,–   an 440 Verb. a. L.u.L.   5 390,–
8. 2021 Ank.-Hst.   130,–
   260 Vorsteuer   13,–   an 288 Kasse   143,–
9. 240 Ford. a. L.u.L.   63 250,–   an 500 Umsatzerlöse   57 500,–
                                          481 Mehrwertst.   5 750,–
10. 518 Andere Erlösber.   400,–
    481 Mehrwertst.   40,–   an 240 Ford. a. L.u.L.   440,–
11. 676 Provisionen   2 100,–
  . 260 Vorsteuer   210,–   an 280 Bank   2 310,–
12. 280 Bank   32 340,–
    516 Skonti   600,–
    481 Mehrwertst.   60,–   an 240 Ford. a. L.u.L.   33 000,–
13. 670 Mieten   an 280 Bank   3 750,–
14. 200 Rohstoffe   5 000,–
    260 Vorsteuer   500,–   an 440 Verb. a. L.u.L.   5 500,–

15.	440 Verb. a. L.u.L.	1 100,–	an 2002 Preisnachl. R.		1 000,–
			260 Vorsteuer		100,–
16.	288 Kasse	2 200,–	an 500 Umsatzerlöse		2 000,–
			481 Mehrwertst.		200,–
17.	518 Andere Erlösber.	500,–			
	481 Mehrwertst.	50,–	an 280 Bank		550,–
18.	3002 Privat	660,–	an 500 Umsatzerlöse		600,–
			481 Mehrwertst.		60,–
19.	517 Boni	800,–			
	481 Mehrwertst.	80,–	an 240 Ford. a. L.u.L.		880,–
20.	08 BuGa.	2 300,–			
	260 Vorsteuer	230,–	an 288 Kasse		2 530,–

Vorbereitende Abschlußbuchungen:

a)	801 SBK	an 2020 Hilfsstoffe		20 000,–
b)	801 SBK	an 2030 Betriebsst.		5 500,–
c)	801 SBK	an 210 Unfert. Erz.		4 000,–
d)	801 SBK	an 220 Fertige Erz.		28 000,–
e)	200 Rohstoffe	an 2001 Ank.-Rst.		150,–
f)	2002 Preisnl. Rst.	an 200 Rohstoffe		220,–
g)	2020 Hilfsstoffe	an 2021 Ank.-Hst.		130,–
h)	52 Bestandsveränd.	an 210 Unfert. Erz.		14 000,–
i)	220 Fertige Erz.	an 52 Bestandsveränd.		500,–
j)	482 MwSt.-Verr.k.	an 260 Vorsteuer		2 436,–
k)	300 Eigenkapital	an 3002 Privat		1 210,–
l)	481 Mehrwertst.	an 482 MwSt.-Verr.k.		5 830.–
m)	482 MwSt.-Verr.k.	an 280 Bank		3 394,–
n)	500 Umsatzerlöse	an 518 Andere Erlösberichtig.		
		517 Boni		
		516 Skonti		8 030,–
o)	602 Aufwand Hst.	an 2020 Hilfsstoffe		8 030,–
p)	603 Aufwand Bst.	an 2030 Betriebsst.		500,–
q)	alle Ertragskonten	an 802 GuV.		58 300,–
r)	802 GuV.	an alle Aufwandskonten		42 980,–
s)	802 GuV.	an 300 Eigenkapital		15 320,–
t)	801 SBK	an alle aktiven		
		Bestandskonten		325 900,–
u)	(incl. Fall a, b, c, und d)			
	alle passiven Bestandsk.	an 801 SBK		325 900,–

Verbuchung:

S	07 Masch.	H
Ab	65 000,–	(801) 65 000,–

S	08 BuGa.	H
AB	38 500,–	(801) 40 800,–
(20)	2 300,–	
	40 800,–	40 800,–

S	288 Kasse		H
AB	12 800,–	(2)	165,–
(16)	2 200,–	(6)	3 200,–
		(8)	143,–
		(20)	2 530,–
		(801)	8 962,–
	15 000,–		15 000,–

S	280 Bank		H
AB	26 600,–	(3)	11 858,–
(12)	32 340,–	(11)	2 310,–
		(13)	3 750,–
		(17)	550,–
		(482)	3 394,–
		(801)	37 078,–
	58 940,–		58 940,–

S	200 Rst.		H
AB	42 000,–	(4)	11 900,–
(1)	11 000,–	(2002)	1 220,–
(14)	5 000,–	(801)	45 030,–
(2001)	150,–		
	58 150,–		58 150,–

S	2001 Ank.-Rst.		H
(2)	150,–	(200)	150,–

S	2002 Preisnl. Rst.		H
(200)	1 220,–	(3)	220,–
		(288)	1 000,–
	1 220,–		1 220,–

S	2020 Hst.		H
AB	23 000,–	(801)	20 000,–
(7)	4 900,–	(602)	8 030,–
(2021)	130,–		
	28 030,–		28 030,–

S	2021 Ank.-Hst.		H
(8)	130,–	(2020)	130,–

S	2030 Bst.		H
AB	6 000,–	(801)	5 500,–
		(603)	500,–
	6 000,–		6 000,–

S	210 Unfert. Erz.		H
AB	18 000,–	(801)	4 000,–
		(52)	14 000,–
	18 000,–		18 000,–

S	220 Fert. Erz.		H
AB	27 500,–	(801)	28 000,–
(52)	500,–		
	28 000,–		28 000,–

S	240 Ford. a. L.u.L.		H
AB	42 600,–	(10)	440,–
(9)	63 250,–	(12)	33 000,–
		(19)	880,–
		(801)	71 530,–
	105 850,–		105 850,–

S	260 Vorst.		H
(1)	1 100,–	(3)	22,–
(2)	15,–	(288)	100,–
(7)	490,–	(482)	2 436,–
(8)	13,–		
(11)	210,–		
(14)	500,–		
(20)	230,–		
	2 558,–		2 558,–

S	300 EK		H
(301)	1 210,–	AB	248 000,–
(801)	262 110,–	(802)	15 320,–
	263 320,–		263 320,–

S	3002 Privat		H
(5)	550,–	(300)	1 210,–
(18)	660,–		
	1 210,–		1 210,–

S	440 Verb. a. L.u.L.		H
(3)	12 100,–	AB	54 000,–
(288)	1 100,–	(1)	12 100,–
(801)	63 790,–	(7)	5 390,–
		(14)	5 500,–
	76 990,–		76 990,–

S	481 MwSt.		H
(10)	40,–	(5)	50,–
(12)	60,–	(9)	5750,–
(17)	50,–	(18)	60,–
(19)	80,–	(280)	200,–
(482)	5830,–		
	6060,–		6060,–

S	USt.-Verr.k.		H
(260)	2 436,–	(481)	5 830,–
(280)	3 394,–		
	5 830,–		5 830,–

S	500 Umsatzerl.		H
(516)	600,–	(5)	500,–
(517)	800,–	(9)	57 500,–
(518)	900,–	(16)	2 000,–
(802)	58 300,–	(18)	600,–
	60 600,–		60 600,–

S	518 Andere Erlösber.		H
(10)	400,–	(500)	900,–
(17)	500,–		
	900,–		900,–

S	600 Aufw. Rst.		H
(4)	11 900,–	(802)	11 900,–

S	517 Boni		H
(19)	800,–	(500)	800,–

S	516 Skonti		H
(12)	600,–	(500)	600,–

S	602 Aufw. Hst.		H
(2020)	8 030,–	(802)	8 030,–

S	603 Aufw. Bst.		H
(2030)	500,–	(802)	500,–

S	620 Löhne u. Geh.	H		S	670 Miete	H
(6)	3 200,–	(802) 3 200,–		(13)	3 750,–	(802) 3 750,–

S	676 Prov.	H		S	52 Bestandsveränd.	H
(11)	2 100,–	(802) 2 100,–		(210)	14 000,–	(220) 500,–
						(802) 13 500,–
					14 000,–	14 000,–

S	802 GuV.	H		S	801 SBK	H
(52)	13 500,–	(500) 58 300,–		(2020)	20 000,–	(300) 262 110,–
(600)	11 900,–			(2030)	5 500,–	(440) 63 790,–
(602)	8 030,–			(210)	4 000,–	
(603)	500,–			(220)	28 000,–	
(620)	3 200,–			(07)	65 000,–	
(670)	3 750,–			(08)	40 800,–	
(676)	2 100,–			(238)	8 962,–	
(300)	15 320,–			(230)	37 078,–	
	58 300,–	58 300,–		(200)	45 030,–	
				(240)	71 530,–	
					325 900,–	325 900,–

Lösung zur Übungsaufgabe 15: Verbuchung von Abschreibungen

Buchungssätze zu den laufenden Geschäftsvorfällen:

1.	200 Rohstoffe	11 000,–	440 Verb. a. L.u.L.	12 100,–
	260 Vorsteuer	1 100,–		
2.	2001 Ank.-Rst.	1 000,–		
	260 Vorsteuer	100,–	an 288 Kasse	1 100,–
3.	280 Bank		an 240 Ford. a. L.u.L.	5 000,–
4.	3002 Privat	3 650,–	an 288 Kasse	650,–
			280 Bank	3 000,–
5.	240 Ford. a. L.u.L.	66 000,–	an 500 Umsatzerlöse	60 000,–
			481 Mehrwertst.	6 000,–
6.	440 Verb. a. L.u.L.		an 280 Bank	12 100,–
7.	3002 Privat	330,–	an 500 Umsatzerlöse	300,–
			481 Mehrwertst.	30,–
8.	680 Büromaterial	250,–		
	260 Vorsteuer	25,–	an 288 Kasse	275,–
9.	600 Aufwand Rst.		an 200 Rohstoffe	22 000,–
10.	620 Löhne und Gehälter		an 280 Bank	8 000,–

Vorbereitende Abschlußbuchungen:

a.	65 Abschreib. auf Sachanl.	an 36 Wertbericht.	3 000,–
b.	65 Abschreib. auf Sachanl.	an 08 BuGa.	2 000,–
c.	801 SBK	an 210 Unfert. Erz.	5 000,–
d.	801 SBK	an 220 Fertige Erz.	11 000,–
e.	200 Rohstoffe	an 2001 Ank.-Rohstoffe	1 000,–
f.	52 Bestandsveränd.	an 210 Unfertige Erz.	3 000,–
g.	220 Fertige Erz.	an 52 Bestandsveränd.	1 000,–
h.	482 MwSt.-Verr.k.	an 260 Vorsteuer	1 225,–
i.	300 Eigenkapital	an 3002 Privat	3 980,–
j.	481 Mehrwertsteuer	an 482 MwSt.-Verr.k.	6 030,–
k.	482 MwSt.-Verr.k.	an 280 Bank	4 805,–
l.	alle Ertragskonten	an 802 GuV.	60 300,–
m.	802 GuV.	an alle Aufwandsk.	37 250,–
n.	802 GuV.	an 300 Eigenkapital	23 050,–
o.	801 SBK (incl. Fall c und d)	an alle aktiven Bestandskonten	277 070,–
p.	alle passiven Bestandsk.	an 801 SBK	277 070,–

Verbuchung:

S	07 Masch.		H
AB	100 000,–	(801)	100 000,–

S	08 BuGa.		H
AB	45 000,–	(65)	2 000,–
		(801)	43 000,–
	45 000,–		45 000,–

S	288 Kasse		H
AB	17 000,–	(2)	1 100,–
		(4)	650,–
		(8)	275,–
		(801)	14 975,–
	17 000,–		17 000,–

S	280 Bank		H
AB	33 000,–	(4)	3 000,–
(3)	5 000,–	(6)	12 100,–
		(10)	8 000,–
		(482)	4 805,–
		(801)	10 095,–
	38 000,–		38 000,–

S	200 Rst.		H
AB	35 000,–	(9)	22 000,–
(1)	11 000,–	(801)	25 000,–
(2001)	1 000,–		
	47 000,–		47 000,–

S	2001 Ank.-Rst.		H
(2)	1 000,–	(200)	1 000,–

S	210 Unfert. Erz.		H
AB	8 000,–	(801)	5 000,–
		(52)	3 000,–
	8 000,–		8 000,–

S	220 Fertige Erz.		H
Ab	10 000,–	(801)	11 000,–
(52)	1 000,–		
	11 000,–		11 000,–

S	240 Ford. a. L.u.L.		H
AB	7 000,–	(3)	5 000,–
(5)	66 000,–	(801)	68 000,–
	73 000,–		73 000,–

S	260 Vorst.		H
(1)	1 100,–	(482)	1 225,–
(2)	100,–		
(8)	25,–		
	1 225,–		1 225,–

S	300 EK		H
3002	3 980,–	AB	220 000,–
(801)	239 070,–	(802)	23 050,–
	243 050,–		243 050,–

S	3002 Privat		H
(4)	3 650,–	(300)	3 980,–
(7)	330,–		
	3 980,–		3 980,–

S	36 Wertber. a. Sachanl.		H
(801)	3 000,–	(65)	3 000,–

S	440 Verbind. a. L.u.L.		H
(6)	12 100,–	AB	35 000,–
(801)	35 000,–	(1)	12 100,–
	47 100,–		47 100,–

S	481 MwSt.		S
(482)	6030,–	(5)	6000,–
		(7)	30,–
	6030,–		6030,–

S	482 MwSt.-Verr.k.		H
(260)	1225,–	(481)	6030,–
(280)	4805,–		
	6030,–		6030,–

S	500 Umsatzerlöse		H
(802)	60 300,–	(5)	60 000,–
		(7)	300,–
	60 300,–		60 300,–

S	52 Bestandsveränd.		H
(210)	3 000,–	(220)	1 000,–
		(802)	2 000,–
	3 000,–		3 000,–

S	600 Aufw. Rst.		H
(9)	22 000,–	(802)	22 000,–

S	620 Löhne u. Geh.		H
(10)	8 000,–	(802)	8 000,–

S	65 Abschreib. a. Sacha.		H
(36)	3 000,–	(802)	5 000,–
(08)	2 000,–		
	5 000,–		5 000,–

S	680 Aufw. Büromat.		H
(8)	250,–	(81)	250,–

S	81 GuV.		H
(52)	2 000,–	(500)	60 300,–
(600)	22 000,–		
(620)	8 000,–		
(65)	5 000,–		
(680)	250,–		
(300)	23 050,–		
	60 300,–		60 300,–

S	89 SBK		H
(210)	5 000,–	(300)	239 070,–
(220)	11 000,–	(36)	3 000,–
(07)	100 000,–	(440)	35 000,–
(08)	43 000,–		
(288)	14 975,–		
(280)	10 095,–		
(200)	25 000,–		
(240)	68 000,–		
	277 070,–		277 070,–

Lösung zur Übungsaufgabe 16: Veräußerung von Gegenständen des Anlagevermögens

Buchungssätze zu den laufenden Geschäftsvorfällen:

1. 07 Maschinen   3 000,–   an 440 Verb. a. L.u.L.   3 300,–
     260 Vorsteuer   300,–

2. 600 Aufw. Rst.   an 200 Rohstoffe   2 500,–

3. 288 Kasse   880,–   an 08 BuGa.   1 000,–
     696 Aufwand a. d. Abgang   481 Mehrwertst.   80,–
     v. Ggst. d. Anl.verm.   200,–

4. 240 Ford. a. L.u.L.   13 200,–   an 07 Maschinen   20 000,–
     36 Wertber.   10 000,–   546 Erträge a. d. Abg.
                               v. Gst. d. Anl.verm.   2 000,–
                               481 Mehrwertst.   1 200,–

5. 620 Löhne u. Gehälter   an 280 Bank   4 000,–

6. 65 Abschreib. a. Sachanl.   an 08 BuGa.   600,–

7. 240 Ford. a. L.u.L.   3 300,–   an 200 Rohstoffe   3 000,–
                               481 Mehrwertst.   300,–

8. 65 Abschreib. a. Sach.   1 000,–   an 36 Wertberichtigungen   1 000,–
     36 Wertbericht.   5 000,–   an 07 Maschinen   5 000,–

9. 288 Kasse   2 200,–   an 07 Maschinen   8 000,–
     36 Wertber.   7 000,–   546 Ertr. a. d. Abg. v.
                               Ggst. d. Anl.verm.   1 000,–
                               481 Mehrwertst.   200,–

10. 288 Kasse   275,–   an 08 BuGa.   100,–
                               546 Ertr. a. d. Abg. v.
                               Ggst. d. Anl. verm.   150,–
                               481 Mehrwertst.   25,–

Buchungssätze zu den Abschlußangaben und vorbereitende Abschlußbuchungen:

a.	693 sonst. Aufwand	an 288 Kasse	200,–
b.	65 Abschreib. auf Anl.	an 08 BuGa.	5 000,–
c.	65 Abschreib. auf Anl.	an 36 Wertber.	4 000,–
d.	600 Aufwand Rst.	an 200 Rohstoffe	1 000,–
e.	52 Bestandsveränd.	an 210 Unfertige Erz.	7 000,–
f.	220 Fertige Erz.	an 52 Bestandsveränd.	16 000,–
g.	482 MwSt.-Verr.k.	an 260 Vorsteuer	300,–
h.	481 Mehrwertst.	an 482 MwSt.-Verr.k.	1 805,–
i.	482 MwSt.-Verr.k.	an 280 Bank	1 505,–
j.	52 Bestandsveränd.	an 802 GuV.	9 000,–
k.	546 Ertr.a.d.Abg.v.Ggst.d.Anv.	an 802 GuV.	3 150,–
l.	802 GuV.	an alle Aufw.konten	18 500,–
m.	300 EK	an 802 GuV. (Verlust)	6 350,–
n.	801 SBK	an alle aktiven Bestandskonten	171 950,–
o.	alle passiven Bestandsk.	an 801 SBK	171 950,–

Verbuchung:

S	07 Masch.		H
AB	80 000,–	(4)	20 000,–
(1)	3 000,–	(8)	5 000,–
		(9)	8 000,–
		(801)	50 000,–
	83 000,–		83 000,–

S	08 BuGa.		H
Ab	30 000,–	(3)	1 000,–
		(6)	600,–
		(10)	100,–
		(65)	5 000,–
		(801)	23 300,–
	30 000,–		30 000,–

S	288 Kasse		H
AB	5 000,–	(693)	200,–
(3)	880,–	(801)	8 155,–
(9)	2 200,–		
(10)	275,–		
	8 355,–		8 355,–

S	280 Bank		H
AB	12 000,–	(5)	4 000,–
		(482)	1 505,–
		(801)	6 495,–
	12 000,–		12 000,–

S	2000 Rst.		H
AB	13 000,–	(2)	2 500,–
		(7)	3 000,–
		(600)	1 000,–
		(801)	6 500,–
	13 000,–		13 000,–

S	210 Unfert. Erz.		H
AB	15 000,–	(801)	8 000,–
		(52)	7 000,–
	15 000,–		15 000,–

S	220 Fertige Erz.		H
AB	12 000,–	(801)	28 000,–
(52)	16 000,–		
	28 000,–		28 000,–

S	240 Ford. a. L.u.L.		H
AB	25 000,–	(801)	41 500,–
(4)	13 200,–		
(7)	3 300,–		
	41 500,–		41 500,–

S	260 Vorst.		H
(1)	300,–	(482)	300,–

S	300 EK		H
(802)	6 350,–	AB	135 000,–
(801)	128 650,–		
	135 000,–		135 000,–

S	36 Wertber.		H
(4)	10 000,–	AB	25 000,–
(8)	5 000,–	(65)	4 000,–
(9)	7 000,–	(8)	1 000,–
(801)	8 000,–		
	30 000,–		30 000,–

S	440 Verb. a. L.u.L.		H
(801)	35 300,–	AB	32 000,–
		(1)	3 300,–
	35 300,–		35 300,–

S	481 Mehrwertst.		H
(482)	1 805,–	(3)	80,–
		(4)	1 200,–
		(7)	300,–
		(9)	200,–
		(10)	25,–
	1 805,–		1 805,–

S	482 Umsatzst.-Verr.k.		H
(260)	300,–	(481)	1 805,–
(280)	1 505,–		
	1 805,–		1 805,–

S	52 Bestandsveränd.		H
(210)	7 000,–	(220)	16 000,–
(802)	9 000,–		
	16 000,–		16 000,–

S	546 Ertr. a. d. Abg. v. Ggst.		H
(802)	3 150,–	(4)	2 000,–
		(9)	1 000,–
		(10)	150,–
	3 150,–		3 150,–

S	600 Aufw. Rst.		H
(2)	2 500,–	(802)	3 500,–
(200)	1 000,–		
	3 500,–		3 500,–

S	620 Löhne u. Geh.		H
(5)	4 000,–	(802)	4 000,–

S	65 Abschreib.		H
(6)	600,–	(802)	10 600,–
(8)	1 000,–		
(08)	5 000,–		
(36)	4 000,–		
	10 600,–		10 600,–

S	696 Aufw. a. d. Abg. v. Ggst.		H
(3)	200,–	(802)	200,–

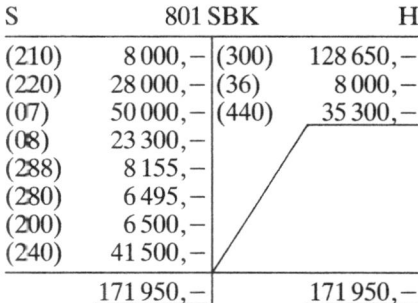

S	693 sonst. Aufw.		H
(15)	200,–	(802)	200,–

S	802 GuV.		H
(600)	3 500,–	(52)	9 000,–
(620)	4 000,–	(546)	3 150,–
(65)	10 600,–	(300)	6 350,–
(696)	200,–		
(693)	200,–		
	18 500,–		18 500,–

S	801 SBK		H
(210)	8 000,–	(300)	128 650,–
(220)	28 000,–	(36)	8 000,–
(07)	50 000,–	(440)	35 300,–
(08)	23 300,–		
(288)	8 155,–		
(280)	6 495,–		
(200)	6 500,–		
(240)	41 500,–		
	171 950,–		171 950,–

Lösung zur Übungsaufgabe 17: Betriebsübersicht

Buchungssätze der Umbuchungen und vorbereitenden Abschlußbuchungen:

(in Tausend €)

1. 65 Abschreib. a. Sachanl.   2   an 36 Wertber. a. Sachanl.   2
   36 Wertber. a. Sachanl.   10   an 07 Maschinen   10
2. 65 Abschreib. a. Sachanl.   5   an 08 BuGa.   5
3. 240 Ford. a. L.u.L.   11   an 07 Maschinen   12
   696 Aufw. a. d. Abg. v. Ggst.   2   481 Mehrwertst.   1
4. 517 Boni   20
   481 Mehrwertst.   2   an 440 Verb. a. L.u.L.   22
5. 600 Aufw. Rst.   an 200 Rohstoffe   3
6. 440 Verb. a. L.u.L.   11   an 2002 Preisnachl.   10
   260 Vorsteuer   1
7. a. 210 Unfert. Erz.   an 52 Bestandsveränd.   6
   b. 52 Bestandsveränd.   an 220 Fertige Erz.   3
a. 200 Rohstoffe   an 2001 Ank.Rst.   21
b. 2002 Preisnachl.   an 200 Rohstoffe   32
c. 482 MwSt.-Verr.k.   an 260 Vorsteuer   22
d. 481 Mehrwertst.   an 482 MwSt.-Verr.k.   38
e. 482 USt.-Verr.k.   an 280 Bank   16
f. 500 Umsatzerlöse   an 517 Boni   52

Lösung zur Übungsaufgabe 18: Betriebsübersicht

Buchungssätze der Umbuchungen und vorbereitenden Abschlußbuchungen:

(in Tausend €)

1.	65 Abschreib.		an 36 Wertbericht.	10
2.	517 Boni	10		
	481 Mehrwertst.	1	an 240 Ford. a. L.u.L.	11
3.	3002 Privat		an 280 Bank	8
4.	440 Verb. a. L.u.L.	33	an 2002 Preisnachl.	30
			260 Vorsteuer	3
5.	600 Aufw. Rst.		an 200 Rohstoffe	7
6. a.	602 Aufw. Hst.		an 2020 Hilfsstoffe	5
b.	210 Unfert. Erz.		an 52 Bestandsveränd.	15
c.	52 Bestandsveränd.		an 220 Fertige Erz.	30
a.	200 Rohstoffe		an 2001 Ank.-Rst.	25
b.	2002 Preisnachl.		an 200 Rohstoffe	50
c.	482 Umsatzst.-Verr.k.		an 260 Vorsteuer	37
d.	300 Eigenkapital		an 3002 Privat	28
e.	481 Mehrwertst.		an 482 Umsatzst.Verr.k.	43
f.	482 Umsatzst.Verr.k.		an 480 sonst. Verb.	6
g.	500 Umsatzerlöse		an 517 Boni	20

Übungsaufgabe 17

Konto		Summenbilanz		Saldenbilanz I	
Nr.	Bezeichnung	Soll	Haben	Soll	Haben
07	Maschinen	140	–	140	–
08	B.u.G. Ausstattung	55	14	41	–
280	Bank	210	115	95	–
200	Rohstoffe	260	110	150	–
2001	ANK-Rohstoffe	25	4	21	–
2002	Preisnachlässe v. Lief.	–	22	–	22
210	Unfertige Erzeugnisse	32	–	32	–
220	Fertige Erzeugnisse	41	–	41	–
240	Forderungen aus L.u.L.	235	198	37	–
260	Vorsteuer	45	22	23	–
300	Eigenkapital	–	461	–	461
36	Wertberichtigungen	–	37	–	37
440	Verbindlichk. aus L.u.L.	115	148	–	33
480	Sonst. Verbindlichkeiten	–	–	–	–
481	Mehrwertsteuer	4	43	–	39
482	Umsatzsteuerverrechnungsk.	–	–	–	–
500	Umsatzerlöse	–	210	–	210
517	Boni	32	–	32	–
52	Bestandsveränderungen	–	–	–	–
600	Aufwand f. Rohstoffe	105	–	105	–
65	Abschreibungen auf Anlagen	–	–	–	–
693	Sonst. Aufwand	85	–	85	–
696	Aufwand aus Abgang von Geg.	–	–	–	–
	Summe	1 384	1 384	802	802

Umbuchungen Soll	Umbuchungen Haben	Saldenbilanz II Soll	Saldenbilanz II Haben	Bilanz Soll	Bilanz Haben	G.u.V. Rechnung Soll	G.u.V. Rechnung Haben
–	1 10 / 3 12	118	–	118	–	–	–
–	2 5	36	–	36	–	–	–
–	e 16	79	–	79	–	–	–
a 21	5 3 / b 32	136	–	136	–	–	–
–	a 21	–	–	–	–	–	–
b 32	6 10	–	–	–	–	–	–
7a 6	–	38	–	38	–	–	–
–	7b 3	38	–	38	–	–	–
3 11	–	48	–	48	–	–	–
–	6 1 / c 22	–	–	–	–	–	–
–	–	–	461	–	461	–	–
1 10	1 2	–	29	–	29	–	–
6 11	4 22	–	44	–	44	–	–
–	–	–	–	–	–	–	–
4 2 / d 38	3 1	–	–	–	–	–	–
c 22 / e 16	d 38	–	–	–	–	–	–
f 52	–	–	158	–	–	–	158
4 20	f 52	–	–	–	–	–	–
7b 3	7a 6	–	3	–	–	–	3
5 3	–	108	–	–	–	108	–
1 2 / 2 5	–	7	–	–	–	7	–
–	–	85	–	–	–	85	–
3 2	–	2	–	–	–	2	–
256	256	695	695	493	534	202	161
				41	–	–	41
				534	534	202	202

Verlust: 41 000,–

Betriebsübersicht   Übungsaufgabe 18

Konto		Summenbilanz		Saldenbilanz I	
Nr.	Bezeichnung	Soll	Haben	Soll	Haben
07	B. u. G.-Ausstattung	215	15	200	–
200	Rohstoffe	300	150	150	–
2001	ANK-Rohstoffe	30	5	25	–
2002	Preisnachlässe-Rohst.	–	20	–	20
202	Hilfsstoffe	110	60	50	–
210	Unfertige Erzeugnisse	35	–	35	–
220	Fertigerzeugnisse	60	–	60	–
240	Forderungen	245	205	40	–
260	Vorsteuer	47	7	40	–
280	Bank	210	135	75	–
300	Eigenkapital	–	291	–	291
3002	Privat	25	5	20	–
36	Wertberichtigungen	–	50	–	50
440	Verbindlichk. aus L.u.L.	95	145	–	50
480	Sonstige Verbindlichk.	–	10	–	10
481	Mehrwertsteuer	1	45	–	44
482	Umsatzsteuerverrechnung	–	–	–	–
500	Umsatzerlöse	–	450	–	450
517	Boni	10	–	10	–
52	Bestandsveränderungen	–	–	–	–
600	Aufw. f. Rohstoffe	150	–	150	–
602	Aufw. f. Hilfsstoffe	60	–	60	–
65	Abschreibungen a. A.	–	–	–	–
	Summe	1 593	1 593	915	915

Umbuchungen				Saldenbilanz II		Bilanz		GuV. Rechnung	
Soll		Haben		Soll	Haben	Soll	Haben	Soll	Haben
–		–		200	–	200	–	–	–
a	25	5 / b	7 / 50	118	–	118	–	–	–
–		a	25	–	–	–	–	–	–
b	50	4	30	–	–	–	–	–	–
–		6a	5	45	–	45	–	–	–
6b	15	–		50	–	50	–	–	–
–		6c	30	30	–	30	–	–	–
–		2	11	29	–	29	–	–	–
–		4 / c	3 / 37	–	–	–	–	–	–
–		3	8	67	–	67	–	–	–
d	28	–		–	263	–	263	–	–
3	8	d	28	–	–	–	–	–	–
–		1	10	–	60	–	60	–	–
4	33	–		–	17	–	17	–	–
–		f	6	–	16	–	16	–	–
2 / e	1 / 43	–		–	–	–	–	–	–
c / f	37 / 6	e	43	–	–	–	–	–	–
g	20	–		–	430	–	–	–	430
2	10	g	20	–	–	–	–	–	–
6c	30	6b	15	15	–	–	–	15	–
5	7	–		157	–	–	–	157	–
6a	5	–		65	–	–	–	65	–
1	10	–		10	–	–	–	10	–
	328		328	786	786	539	356	247	430
Gewinn: 183 000,–						–	183	183	–
						539	539	430	430

Betriebsübersicht　Übungsaufgabe 19

Konto		Summenbilanz		Saldenbilanz I	
Nr.	Bezeichnung	Soll	Haben	Soll	Haben
07	B. u. G.-Ausstattung	235	26	209	–
200	Rohstoffe	280	140	140	–
2001	ANK-Rohstoffe	28	6	22	
2002	Preisnachlässe-Rohst.	–	16	–	16
202	Hilfsstoffe	99	43	56	–
210	Unfertige Erzeugnisse	28	–	28	–
220	Fertigerzeugnisse	55	–	55	–
240	Forderungen	255	201	54	–
260	Vorsteuer	48	6	42	–
280	Bank	198	113	85	–
300	Eigenkapital	–	227	–	227
3002	Privat	34	12	22	–
36	Wertberichtigungen	–	53	–	53
440	Verbindlichk. aus L.u.L.	85	144	–	59
480	Sonstige Verbindlichk.	–	12	–	12
481	Mehrwertsteuer	3	59	–	56
482	Umsatzsteuerverrechnung	–	–	–	–
500	Umsatzerlöse	–	486	–	486
517	Boni	13	–	13	–
52	Bestandsveränderungen	–	–	–	–
600	Aufw. f. Rohstoffe	140	–	140	–
602	Aufw. f. Hilfsstoffe	43	–	43	–
65	Abschreibungen a. A.	–	–	–	–
	Summe	1 544	1 544	909	909

Umbuchungen				Saldenbilanz II		Bilanz		GuV. Rechnung	
Soll		Haben		Soll	Haben	Soll	Haben	Soll	Haben
	—	1 4	6 10	193	—	193	—	—	—
a	22	7a b	71 26	65	—	65	—	—	—
	—	a	22	—	—	—	—	—	—
b	26	6	10	—	—	—	—	—	—
	—	2 5	10 12	34	—	34	—	—	—
	—	7b	10	18	—	18	—	—	—
7c	2		—	57	—	57	—	—	—
	—	3	22	32	—	32	—	—	—
	—	6 c	1 41	—	—	—	—	—	—
2	11	f	14	82	—	82	—	—	—
d	22		—	—	205	—	205	—	—
	—	d	22	—	—	—	—	—	—
4	10	4	2	—	45	—	45	—	—
6	11		—	—	48	—	48	—	—
	—		—	—	12	—	12	—	—
3 e	2 55	2	1	—	—	—	—	—	—
c f	41 14	e	55	—	—	—	—	—	—
g	33		—	—	453	—	—	—	453
3	20	g	33	—	—	—	—	—	—
7b	10	7c	2	8	—	—	—	8	—
7a	71		—	211	—	—	—	211	—
5	12		—	55	—	—	—	55	—
1 4	6 2		—	8	—	—	—	8	—
	370		370	763	763	481	310	282	453
Gewinn: 171 000,–						—	171	171	—
						481	481	453	453

Lösung zur Übungsaufgabe 19: Betriebsübersicht

Buchungssätze der Umbuchungen und vorbereitenden Abschlußbuchungen:

(in Tausend)

1. 65 Abschreib.		an 08 BuGa.		6
2. 280 Bank	11	an 2020 Hilfsstoffe		10
		481 Mehrwertst.		1
3. 517 Boni	20			
481 Mehrwertst.	2	an 240 Ford a. L.u.L.		22
4. 65 Abschreib.	2	an 36 Wertbericht.		2
36 Werbericht.	10	an 08 BuGa.		10
5. 602 Aufw. Hst.	12	an 2020 Hilfsstoffe		12
6. 440 Verb. a. L.u.L.	11	an 2002 Preisnachl. Rst.		10
		260 Vorsteuer		1
7. a. 600 Aufw. Rst.		an 200 Rohstoffe		71
b. 52 Bestandsveränd.		an 210 Unfertige Erz.		10
c. 220 Fertige Erz.		an 52 Bestandsveränd.		2
a. 200 Rohstoffe		an 2001 Ank.-Rst.		22
b. 2002 Preisnachl. Rst.		an 200 Rohstoffe		26
c. 482 Umsatzst.-Verr.k.		an 260 Vorsteuer		41
d. 300 Eigenkapital		an 3002 Privat		22
e. 481 Mehrwertst.		an 482 Umsatzst.-Verr.k.		55
f. 482 Umsatzst.-Verr.k.		an 280 Bank		14
g. 500 Umsatzerlöse		an 517 Boni		33

Lösung zur Übungsaufgabe 20: Abschreibungsverfahren

A_i = Abschreibungsbetrag des i-ten Jahres
B_i = Buchwert am Ende der i-ten Nutzungsperiode
C = Abschreibungssumme
D = Degressionsbetrag
G = Anschaffungskosten
L = Gesamtleistungsvorrat des Anlagegutes
R_i = Restwert am Ende der i-ten Nutzungsperiode
l_i = In der i-ten Periode verbrauchter Leistungsvorrat $(1, 2 \ldots n)$
n = Nutzungsdauer
p = Abschreibungsquote

1. $A_i = \dfrac{G-R}{n} = \dfrac{100\,000}{5} = \underline{20\,000}$ $(i = 1, 2, \ldots, 5)$

Es werden jährlich 20000,- abgeschrieben. Am Ende der 5. Nutzungsperiode beträgt der Buchwert 0 $(B_5 = 0)$.

2. $A_i = \dfrac{G-R}{L} l_i$; $A_1 = \dfrac{12\,500 - 1\,000}{100\,000} \cdot 15\,000 = \underline{\underline{1\,725}}$

Für die erste Periode ermittelt sich ein Abschreibungsbetrag von $1\,725,-$.

3. $A_1 = D\,n$
   $A_2 = D\,(n-1)$
   $A_3 = D\,(n-2)$
   .
   .
   .
   $A_n = D \cdot 1$

$$D = \dfrac{C}{\displaystyle\sum_{i=1}^{n} i} = \dfrac{90\,000}{15} = \underline{\underline{6\,000}}$$

Es ermitteln sich folgende jährliche Abschreibungsbeträge:

$A_1 = 6\,000 \cdot 5 = 30\,000$
$A_2 = 6\,000 \cdot 4 = 24\,000$
$A_3 = 6\,000 \cdot 3 = 18\,000$
$A_4 = 6\,000 \cdot 2 = 12\,000$
$A_5 = 6\,000 \cdot 1 = 6\,000$

Der Buchwert am Ende der 5. Nutzungsperiode beträgt 0 ($B_5 = 0$).

4. $A_1 = G_p$
   $A_2 = B_1\,p = G\,p\,(1-p)$
   $A_3 = B_2\,p = G\,p\,(1-p)^2$
   .
   .
   .
   $A_n = B_{n-1}\,p = G\,p\,(1-p)^{n-1}$

   $B_1 = G - G\,p = G\,(1-p)$
   $B_2 = B_1 - A_2 = G\,(1-p)^2$
   $B_3 = B_2 - A_3 = G\,(1-p)^3$
   .
   .
   .
   $B_n = B_{n-1} - A_n = G\,(1-p)^n$

Es ermitteln sich folgende jährliche Abschreibungsbeträge:
$G = 10\,000,-$

i-te Per	p	A_i	B_i
1	20%	$2\,000,-$	$8\,000,-$
2	20%	$1\,600,-$	$6\,400,-$
3	20%	$1\,280,-$	$5\,120,-$
4	20%	$1\,024,-$	$4\,096,-$
5	20%	$819,20$	$3\,276,80$

Lösung zur Übungsaufgabe 21: Abschreibungsverfahren

Zu 1:

Abschreibungssumme:	Listenpreis (netto)	200 000,– €
	∕ Rabatt (2% vom Listenpreis)	4 000,– €
	+ Transport- und Montagekosten (netto)	12 000,– €
	= Anschaffungsausgaben	208 000,– €
	∕ Schrottwert	10 000,– €
	= Abschreibungssumme	198 000,– €

Jährlicher Abschreibungsbetrag:

$$\frac{\text{Abschreibungssumme}}{\text{geschätzte Nutzungsdauer}} = \frac{198\,000,- \text{ €}}{4 \text{ Jahre}}$$

$$= 59\,500,- \text{ €/Jahr}$$

Abschreibungsplan:

Jahr	Abschreibung	Restbuchwert
1	49 500	158 500
2	49 500	109 000
3	49 500	59 500
4	49 500	10 000

Zu 2:

```
07    196 000  /  440   228 800
260    19 600  /
07     12 000  /
260     1 200  /
```

Zu 3:

440   228 800 / 280   228 800

Zu 4:

a) 65   49 900 / 07   49 900
b) 65   49 900 / 36   49 900

Zu 5:

a) direkte Methode: 240   11 000 / 07   10 000
                                 / 481   1 000

b) indirekte Methode: 240   11 000 / 07   208 000
                       36   198 000 / 481   1 000

Lösung zur Übungsaufgabe 22: Verbuchung von Personalkosten

1. a.	620 Löhne und Geh.	25 000,–	an 280 Bank	18 210,–
			480 sonst. Verb.	6 790,– *
b.	640 soziale Abgaben		an 480 sonst. Verb.	2 100,– *
2.	26 sonst. Ford.		an 288 Kasse	3 000,–
3. a.	620 Löhne u. Geh.	87 000,–	an 288 Kasse	68 700,–
			480 sonst. Verb.	18 300,– *
b.	640 soziale Abgaben		an 480 sonst. Verb.	4 900,– *
4. a.	620 Löhne und Geh.	33 000,–	an 280 Bank	21 970,–
			480 sonst. Verb.	10 030,– *
			26 sonst. Ford.	1 000,–
b.	640 soziale Abgaben		an 480 sonst. Verb.	2 300,– *
5. a.	620 Löhne und Geh.	26 000,–	an 288 Kasse	18 290,–
	643 sonst. Personalaufwand	3 400,–	280 Bank	3 400,–
			480 sonst. Verb.	7 170,– *
b.	640 soziale Abgaben		an 480 sonst. Verb.	2 400,– *
6.	480 sonst. Verb.*		an 280 Bank	54 530,–

Lösung zur Übungsaufgabe 23: Umsatzsteuer

Buchungssätze zu den laufenden Geschäftsvorfällen:

1.	240 Ford. a. L.u.L.	8 800,–	an 500 Umsatzerlöse	8 000,–
			481 Mehrwertst.	800,–
2.	200 Rohstoffe	6 000,–		
	260 Vorsteuer	600,–	an 440 Verb. a. L.u.L.	6 600,–
3.	518 Andere Erlösber.	1 600,–		
	481 Mehrwertst.	160,–	an 240 Ford. a. L.u.L.	1 760,–
4.	07 Maschinen	5 000,–		
	260 Vorsteuer	500,–	an 280 Bank	5 500,–
5.	288 Kasse	330,–	an 08 BuGa.	400,–
	696 Aufw. a. d. Agb. AV	100,–	481 Mehrwertst	30,–
6.	2020 Hilfsstoffe	4 000,–		
	260 Vorsteuer	400,–	an 440 Verb. a. L.u.L.	4 400,–
7.	3002 Privat		an 288 Kasse	700,–
8.	600 Aufw. Rst.		an 200 Rohstoffe	5 100,–
9.	620 Löhne u. Geh.	7 000,–	an 280 Bank	6 200,–
	640 soziale Abgab.	900,–	480 sonstige Verb.	2 700,–
	26 sonstige Ford.	1 000,–		
10.	280 Bank		an 240 Ford. a. L.u.L.	11 000,–
11.	07 Maschinen	7 000,–	an 07 Maschinen	1 000,–
	260 Vorsteuer	700,–	280 Bank	6 050,–
			481 Mehrwertst.	150,–
			546 Ertr. a. d. Abg. AV	500,–

12.	3002 Privat	1 100,–	an 500 Umsatzerlöse	1 000,–
			481 Mehrwertst.	100,–
13.	288 Kasse	3 300,–	an 07 Maschinen	1 000,–
			481 Mehrwertst.	300,–
			546 Ertr. a. d. Abg.AV	2 000,–
14.	600 Aufw. Rst.		an 200 Rohstoffe	2 000,–
15.	280 Bank	7 700,–	an 07 Maschinen	15 000,–
	696 Aufw. a. d. Abg.AV	2 000,–	481 Mehrwertst.	700,–
	36 Wertbericht.	6 000,–		
16.	620 Löhne u. Geh.	5 400,–	an 288 Kasse	2 500,–
	640 soziale Abgaben	650,–	480 sonst. Verb.	2 550,–
			26 sonst. Ford.	1 000,–
17.	288 Kasse	880,–	an 08 BuGa.	1,–
			481 Mehrwertst.	80,–
			546 Ertr. a. d. Abg.AV	799,–
18.	600 Aufw. Rst.		an 200 Rohstoffe	600,–
19.	240 Ford. a. L.u.L.	2 750,–	an 500 Umsatzerlöse	2 500,–
			481 Mehrwertst.	250,–
20.	518 Andere Erlösbericht.	250,–		
	481 Mehrwertst.	25,–	an 240 Ford. a. L.u.L.	275,–

Buchungssätze zu den Abschlußangaben und vorbereitende Abschlußbuchungen:

a)	65 Abschreibungen	an 36 Wertbericht.	4 000,–
b)	65 Abschreibungen	an 08 BuGa.	3 000,–
c)	801 SBK	an 2020 Hilfsstoffe	9 200,–
d)	801 SBK	an 210 Unfert. Erz.	15 000,–
e)	801 SBK	an 220 Fertige Erz.	15 000,–
f)	602 Aufw. Hst.	an 2020 Hilfsstoffe	5 400,–
g)	52 Bestandsveränd.	an 210 Unfert. Erz.	3 400,–
h)	220 Fertige Erzeugn.	an 52 Bestandsveränd.	2 400,–
i)	482 Umsatzst.-Verr.k.	an 260 Vorsteuer	2 200,–
j)	300 Eigenkapital	an 3002 Privat	1 800,–
k)	481 Mehrwertst.	an 482 USt.-Verr.k.	2 225,–
l)	482 Umsatzst.-Verr.k.	an 280 Bank	25,–
m)	500 Umsatzerlöse	an 518 Andere Erlösber.	1 850,–

Verbuchung:

S	07 Masch.	H		S	08 BuGa.	H	
AB	42 000,–	(11)	1 000,–	AB	12 000,–	(5)	400,–
(4)	5 000,–	(13)	1 000,–			(14)	1,–
(11)	7 000,–	(15)	15 000,–			(65)	3 000,–
		(801)	37 000,–			(801)	8 599,–
	54 000,–		54 000,–		12 000,–		12 000,–

S	288 Kasse		H
AB	6 500,–	(7)	700,–
(5)	330,–	(16)	2 500,–
(13)	3 300,–	(801)	7 810,–
(17)	880,–		
	11 010,–		11 010,–

S	280 Bank		H
AB	48 400,–	(4)	5 500,–
(10)	11 000,–	(9)	6 200,–
(15)	7 700,–	(11)	6 050,–
		(482)	25,–
		(801)	49 325,–
	67 100,–		67 100,–

S	2000 Rohst.		H
AB	28 200,–	(8)	5 100,–
(2)	6 000,–	(14)	2 000,–
		(18)	600,–
		(801)	26 500,–
	34 200,–		34 200,–

S	2020 Hilfsst.		H
AB	10 600,–	(801)	9 200,–
(6)	4 000,–	(602)	5 400,–
	14 600,–		14 600,–

S	210 Unfert. Erz.		H
AB	18 400,–	(801)	15 000,–
		(52)	3 400,–
	18 400,–		18 400,–

S	220 Fert. Erz.		H
AB	12 600,–	(801)	15 000,–
(52)	2 400,–		
	15 000,–		15 000,–

S	240 Ford. a. L.u.L.		H
AB	26 800,–	(3)	1 760,–
(1)	8 800,–	(10)	11 000,–
(19)	2 750,–	(20)	275,–
		(801)	25 315,–
	38 350,–		38 350,–

S	26 sonst. Ford.		H
(9)	1 000,–	(16)	1 000,–

S	260 Vorst.		H
(2)	600,–	(482)	2 200,–
(4)	500,–		
(6)	400,–		
(11)	700,–		
	2 200,–		2 200,–

S	300 EK		H
(3002)	1 800,–	AB	160 100,–
(802)	24 201,–		
(801)	134 099,–		
	160 100,–		160 100,–

S	3002 Privat		H
(7)	700,–	(300)	1 800,–
(12)	1 100,–		
	1 800,–		1 800,–

S	36 Wertbericht.		H
(15)	6 000,–	AB	13 000,–
(801)	11 000,–	(65)	4 000,–
	17 000,–		17 000,–

S	440 Verb. a. L.u.L.		H
(801)	43 400,–	AB	32 400,–
		(2)	6 600,–
		(6)	4 400,–
	43 400,–		43 400,–

S	480 sonst. Verb.		H
(801)	5 250,–	(9)	2 700,–
		(16)	2 550,–
	5 250,–		5 250,–

S	481 Mehrwerst.		H
(3)	160,–	(1)	800,–
(20)	25,–	(5)	30,–
		(11)	150,–
(482)	2 225,–	(12)	100,–
		(13)	300,–
		(15)	700,–
		(17)	80,–
		(19)	250,–
	2 410,–		2 410,–

S	482 USt.-Verr.k.		H
(260)	2 200,–	(481)	2 125,–
(16)	25,–	(4812)	100,–
	2 225,–		2 225,–

S	518 Erlösbericht.		H
(3)	1 600,–	(500)	1 850,–
(20)	250,–		
	1 850,–		1 850,–

S	546 Ertr. a. d. Abg. v. Ggst. AV		H
(802)	3 299,–	(11)	500,–
		(13)	2 000,–
		(17)	799,–
	3 299,–		3 299,–

S	602 Aufw. Hst.		H
(2020)	5 400,–	(802)	5 400,–

S	640 soziale Abgaben		H
(9)	900,–	(802)	1 550,–
(16)	650,–		
	1 550,–		1 550,–

S	696 Aufw. a. d. Abg. v. Ggst.		H
(5)	100,–	(802)	2 100,–
(15)	2 000,–		
	2 100.–		2 100.–

S	500 Umsatzerlöse		H
(518)	1 850,–	(1)	8 000,–
(802)	9 650,–	(12)	1 000,–
		(19)	2 500,–
	11 500,–		11 500,–

S	52 Bestandsveränd.		H
(210)	3 400,–	(220)	2 400,–
		(802)	1 000,–
	3 400,–		3 400,–

S	600 Aufw. Rst.		H
(8)	5 100,–	(802)	7 700,–
(14)	2 000,–		
(18)	600,–		
	7 700,–		7 700,–

S	620 Löhne und Geh.		H
(9)	7 000,–	(802)	12 400,–
(16)	5 400,–		
	12 400,–		12 400,–

S	65 Abschreibungen		H
(36)	4 000,–	(802)	7 000,–
(08)	3 000,–		
	7 000,–		7 000,–

S	802 GuV.	H
(52) 1 000,–	(500)	9 650,–
(600) 7 700,–	(546)	3 299,–
(602) 5 400,–	(300)	24 201,–
(620) 12 400,–		
(640) 1 550,–		
(65) 7 000,–		
(696) 2 100,–		
37 150,–		37 150,–

S	801 SBK	H
(2020) 9 200,–	(300)	134 099,–
(210) 15 000,–	(36)	11 000,–
(220) 15 000,–	(440)	43 400,–
(07) 37 000,–	(480)	5 250,–
(08) 8 599,–		
(288) 7 810,–		
(280) 49 325,–		
(200) 26 500,–		
(240) 25 315,–		
193 749,–		193 749,–

Lösung zur Übungsaufgabe 24: Wechselverbuchung

1.	200 Rohstoffe	10 000,–			
	260 Vorsteuer	1 000,–	an	45 Schuldwechsel	11 000,–
2.	753 Diskontaufw.	200,–			
	260 Vorsteuer	20,–	an	440 Verb. a. L.u.L.	220,–
3.	245 Besitzwechsel	7 700,–	an	500 Umsatzerlöse	7 000,–
				481 Mehrwertst.	700,–
4.	240 Ford. a. L.u.L.	169,40	an	573 Diskontertrag	154,–
				481 Mehrwertst.	15,40
5.	288 Kasse	7 869,40	an	245 Besitzwechsel	7 700,–
				240 Ford. a. L.u.L.	169,40
6.	45 Schuldwechsel	11 000,–			
	440 Verb. a. L.u.L.	220,–	an	280 Bank	11 220,–
7.	245 Besitzwechsel		an	240 Ford. a. L.u.L.	8 000,–
8.	280 Bank	132,–	an	573 Diskontertrag	120,–
				481 Mehrwertst.	12,–
9.	280 Bank	7 920,–	an	245 Besitzwechsel	8 000,–
	573 Diskontertrag	80,–			
10.	Keine Buchung				
11.	440 Verb. a. L.u.L.		an	45 Schuldwechsel	33 000,–
12.	753 Diskontaufw.	330,–			
	260 Vorsteuer	33,–	an	280 Bank	363,–
13.	45 Schuldwechsel		an	280 Bank	33 000,–
14.	245 Besitzwechsel	20 900,–	an	500 Umsatzerlöse	19 000,–
				481 Mehrwertst.	1 900,–
	240 Ford. a. L.u.L.	229,90	an	573 Diskontertrag	209,–
				481 Mehrwertst.	20,90
15.	440 Verb. a. L.u.L.	21 000,–	an	280 Bank	253,26
	573 Diskontertrag	139,33	an	245 Besitzwechsel	20 900,–
	481 Mehrwertst.	13,93	an		

16.	245 Besitzwechsel	13 200,–		an 500 Umsatzerlöse	12 000,–
				481 Mehrwertst.	1 200,–
	240 Ford. a. L.u.L.	217,80		an 573 Diskontertr.	198,–
				481 Mehrwertst.	19,80
17.	200 Rohstoffe	10 000,–		an 440 Verb. a. L.u.L.	11 000,–
	260 Vorsteuer	1 000,–			
18.	440 Verb. a. L.u.L.	11 000,–		an 245 Besitzwechsel	13 200,–
	240 Ford. a. L.u.L.	2 384,80		2002 Preisnachl.	300,–
	573 Diskontertrag	132,–		260 Vorsteuer	30,–
	481 Mehrwertst.	13,20			
19.	44 Verb. a. L.u.L.			an 245 Besitzwechsel	3 100,–
20.	753 Diskontaufwand	69,75			
	260 Vorsteuer	6,98		an 440 Verb. a. L.u.L.	139,73

Lösung zur Übungsaufgabe 25: Zeitliche Abgrenzung

1.	a.	751 Zinsaufw.	250,–		
		29 ARA	250,–	an 280 Bank	500,–
	b.	751 Zinsaufw.	250,–	an 29 ARA	250,–
2.	a.	676 Prov.aufw.	2 100,–		
		260 Vorsteuer 210,–		an 480 sonst. Verb.	2 310,–
	b.	480 sonst. Verb.		an 280 Bank	2 310,–
3.	a.	703 sonst. Steuern	42,–	an 480 sonst. Verb.	42,–
	b.	703 sonst. Steuern	21,–		
		480 sonst. Verb.	42,–	an 280 Bank	63,–
4.	a.	29 ARA	25,–		
		2629 n.n.a.Vst.	2,50	an 280 Bank	27,50
	b.	693 sonst. Aufw.	25,–	an 29 ARA	25,–
		260 Vorsteuer	2,50	2629 n.n.a.VSt.	2,50
5.	a.	670 Mieten		an 480 sonst. Verb.	2 600,–
	b.	480 sonst. Verb.		an 280 Bank	2 600,–
6.	a.	26 sonst. Forder.		an 570 Zinserträge	680,–
	b.	280 Bank		an 26 sonst. Ford.	680,–
7.	a.	54 sonst. Erträge		an 49 PRA	200,–
		481 Mehrwertst.		4811 n.n.f. MwSt.	20,–
	b.	49 PRA		an 54 sonst. Erträge	200,–
		4811 n.n.f.MwSt.		481 MwSt.	20,–
8.	a.	280 Bank		an 49 PRA	95,–
	b.	49 PRA		an 570 Zinserträge	95,–
9.	a.	29 ARA		an 753 Diskontaufwand	200,–
		2629 n.n.a.Vst.		an 260 Vorsteuer	20,–
	b.	753 Diskontaufwand		an 29 ARA	200,–
		260 Vorsteuer		an 2629 n.n.a.Vst.	20,–
10.	a.	693 sonst. Aufwand	900,–		
		29 ARA	900,–	an 280 Bank	1 800,–
	b.	693 sonst. Aufwand		an 29 ARA	900,–

Lösung zur Übungsaufgabe 26: Rückstellungen

1.	a.	770 Gew. E. st.		an 38 Steuerrückstell.	2 100,–
	b.	38 Steuerrückstell.	2 100,–		
		770 Gew. E. st.	300,–	an 280 Bank	2 400,–
2.	a.	693 sonst. Aufw.		an 39 Rückstell.	3 000,–
	b.	39 Rückstell.		an 548 Ertr.a.Auflös.	3 000,–
3.	a.	676 Prov.		an 39 Rückstell.	8 000,–
	b.	39 Rückstell.	8 000,–		
		676 Prov.	1 600,–		
		260 Vorsteuer	960,–	an 280 Bank	10 560,–
4.	a.	693 sonst. Aufw.		an 39 Rückstell.	3 800,–
	b.	39 Rückstell.	3 800,–	an 280 Bank	2 400,–
				548 Ertr.a.d.Auflös.	1 400,–
5.	a.	620 Löhne u. Geh.	2 600,–		
		693 sonst. Aufw.	1 400,–	an 39 Rückstell.	4 000,–
	b.	39 Rückstell.	4 000,–		
		693 sonst. Aufw.	50,–	an 280 Bank	4 050,–

Lösung zur Übungsaufgabe 27: Betriebsübersicht mit zeitlichen Abgrenzungen

Buchungssätze:

	1.	65 Abschreibungen		an 36 Wertbericht.	12 000,–
	2.	65 Abschreibungen		an 08 BuGa.	8 000,–
	3.	751 Zinsaufwand		an 480 sonst. Verb.	700,–
	4.	29 ARA		an 693 sonst. Aufw.	900,–
	5.	39 Rückstell.		an 548 Ertr. a. d. Auflös.	2 000,–
	6.	288 Kasse		an 49 PRA	500,–
	7.	693 sonst. Aufw.		an 39 Rückstell.	3 000,–
	8.	620 Löhne u. Geh.	3 000,–		
		640 soziale Abgaben	280,–	an 480 sonst. Verb.	3 280,–
	9.	517 Boni	3 000,–		
		481 Mehrwertst.	300,–	an 240 Ford. a. L.u.L.	3 300,–
	10.	440 Verb. a. L.u.L.	1 100,–	an 2002 Preisnachl.	1 000,–
				260 Vorsteuer	100,–
	11.	600 Aufw. Rst.		an 200 Rohstoffe	6 700,–
	12.	52 Bestandsveränd.		an 210 Unfert. Erz.	700,–
	13.	220 Fertige Erz.		an 52 Bestandsveränd.	12 400,–
	14.	693 sonst. Aufwand		an 288 Kasse	40,–
	a.	2002 Preisnachl.Rst.		an 200 Rohstoffe	3 700,–
	b.	482 Umsatzsteuer-Verr.k.		an 260 Vorsteuer	1 700,–
	c.	481 Mehrwertst.		an 482 USt.-Verr.k.	6 600,–
	15.	482 Umsatzsteuer-Verr.k.		an 288 Kasse	4 900,–
	d.	500 Umsatzerlöse		an 517 Boni	6 100,–

Lösung zur Übungsaufgabe 28: Abschreibungen auf Forderungen

1.	a.	241 Dubiose		an 240 Ford. a. L.u.L.	22 000,–
	b.	695 Abschr. a. Ford.	20 000,–	an 241 Dubiose	22 000,–
		481 Mehrwertsteuer	2 000,–		
	c.	280 Bank	5 500,–	an 54 sonst. Ertr.	5 000,–
				481 Mehrwertst.	500,–
2.	a.	241 Dubiose		an 240 Ford. a. L.u.L.	6 600,–
	b.	695 Abschr. a. Ford.	3 600,–		
		481 Mehrwertst.	360,–	an 241 Dubiose	3 960,–
	c.	280 Bank	1 650,–		
		695 Abschreib. a. Ford.	900,–	an 241 Dubiose	2 640,–
		481 Mehrwertst.	90,–	an 240 Ford. a. L.u.L.	1 100,–
3.	a.	241 Dubiose			
	b.	695 Abschr. a. Ford.	1 000,–	an 241 Dubiose	1 100,–
		481 Mehrwertst.	100,–	an 240 Ford. a. L.u.L.	3 300,–
4.	a.	241 Dubiose			
	b.	695 Abschr. a. Ford.	1 500,–	an 241 Dubiose	1 650,–
		481 Mehrwertst.	150,–	an 241 Dubiose	1 650,–
	c.	280 Bank	2 640,–	54 sonst. Ertr.	900,–
				481 Mehrwertst.	90,–

Betriebsübersicht   Übungsaufgabe 27

Konten		Summenbilanz		Saldenbilanz I	
Nr.	Bezeichnung	Soll	Haben	Soll	Haben
07	Maschinen	90 000	–	90 000	–
08	BuGa.	40 000	–	40 000	–
200	Rohstoffe	169 300	50 400	118 900	–
2002	Preisnachlässe Rohst.	–	2 700	–	2 700
210	Unfertige Erzeugnisse	7 000	–	7 000	–
220	Fertige Erzeugnisse	11 000	–	11 000	–
240	Ford. a. L.u.L.	175 600	136 200	39 400	–
260	Vorsteuer	17 100	15 300	1 800	–
288	Kasse	217 200	130 100	87 100	–
29	ARA	1 400	–	1 400	–
300	Eigenkapital	–	201 400	–	201 400
36	Wertberichtigungen	–	25 000	–	25 000
39	Rückstellungen	–	2 000	–	2 000
440	Verb. a. L.u.L.	143 200	197 000	–	53 800
480	sonstige Verb.	24 000	28 000	–	4 000
481	Mehrwertsteuer	19 200	26 100	–	6 900
482	Umsatzst.-Verr.k.	–	–	–	–
49	PRA	–	2 000	–	2 000
500	Umsatzerlöse	–	252 600	–	252 600
517	Boni	3 100	–	3 100	–
52	Bestandsveränderungen	–	–	–	–
548	Erträge a. Aufl. Rst.	–	–	–	–
600	Aufwand Rohstoffe	50 400	–	50 400	–
620	Löhne u. Gehälter	84 800	–	84 800	–
640	soziale Abgaben	4 600	–	4 600	–
65	Abschreib. auf Anlagen	–	–	–	–
693	sonstige Aufwendungen	9 800	–	9 800	–
756	Zinsaufwand	1 100	–	1 100	–
	Summe	1 068 800	1 068 800	550 400	550 400

Umbuchungen				Saldenbilanz II		Bilanz		GuV. Rechnung	
Soll		Haben		Soll	Haben	Soll	Haben	Soll	Haben
	−		−	90 000	−	90 000	−	−	−
	−	2	8 000	32 000	−	32 000	−	−	−
6	500	14 / 15	40 / 4 900	82 660	−	82 660	−	−	−
a	3 700	10	1 000	−	−	−	−	−	−
	−	12	700	6 300	−	6 300	−	−	−
13	12 400		−	23 400	−	23 400	−	−	−
	−	9	3 300	36 100	−	36 100	−	−	−
	−	10 / b	100 / 1 700	−	−	−	−	−	−
	−	11 / a	6 700 / 3 700	108 500	−	108 500	−	−	−
4	900		−	2 300	−	2 300	−	−	−
	−		−	−	201 400	−	201 400	−	−
	−	1	12 000	−	37 000	−	37 000	−	−
5	2 000	7	3 000	−	3 000	−	3 000	−	−
10	1 100		−	−	52 700	−	52 700	−	−
	−	3 / 8	700 / 3 280	−	7 980	−	7 980	−	−
9 / c	300 / 6 600		−	−	−	−	−	−	−
b / 15	1 700 / 4 900	c	6 600	−	−	−	−	−	−
	−	6	500	−	2 500	−	2 500	−	−
d	6 100		−	−	246 500	−	−	−	246 500
9	3 000	d	6 100	−	−	−	−	−	−
12	700	13	12 400	−	11 700	−	−	−	11 700
	−	5	2 000	−	2 000	−	−	−	2 000
11	6 700		−	57 100	−	−	−	57 100	−
8	3 000		−	87 800	−	−	−	87 800	−
8	280		−	4 880	−	−	−	4 880	−
1 / 2	12 000 / 8 000		−	20 000	−	−	−	20 000	−
7 / 14	3 000 / 40	4	900	11 940	−	−	−	11 940	−
3	700		−	1 800	−	−	−	1 800	−
	77 620		77 620	564 780	564 780	381 260	304 580	183 520	260 200
						−	76 680	76 680	−
						381 260	381 260	260 200	260 200

Gewinn: 76 680,−

5. a. 241 Dubiose   an 240 Ford. a. L.u.L.   4 400,–
   b. 280 Bank   2 640,–
      695 Abschr. a. Ford.   1 600,–
      481 Mehrwertst.   160,–   an 241 Dubiose   4 400,–
6. a. 280 Bank   660,–   an 54 sonst. Ertr.   600,–
                                                     481 Mehrwertst.   60,–
7. a. 241 Dubiose   an 24 Ford. a. L.u.L.   45 100,–
   b. 695 Abschr. a. Ford.   22 700,–
      481 Mehrwertst.   2 270,–   an 241 Dubiose   24 970,–
   c. 280 Bank   19 910,–   an 241 Dubiose   20 130,–
      481 Mehrwertst.   420,–   54 sonst. Ertr.   4 000,–
      695 Abschr. a. Ford.   4 200,–   481 Mehrwertst.   400,–

Lösung zur Übungsaufgabe 29: Pauschalwertberichtigung zu Forderungen

a) 241 22 000   /   240   22 000
b) 695 16 000   /   241   17 600
   481 1 600   /
c) 280 6 600   /   241   4 400
                     /   54   2 000
                     /   481   200
d) 241 33 000   /   240   33 000
   695 30 000   /   241   33 000
   481 3 000   /
e) 240 77 000   /   500   70 000
                     /   481   7 000

f) Pauschalwertberichtigung auf Forderungen zu Beginn des Geschäftsjahres:

3% von 160 000 € (220 000 € ⅟ 44 000 € = 176 000 €; minus 1/11 USt-Anteil von 16 000 €) = 4 800 €

Pauschalwertberichtigung auf Forderungen zum Ende des Geschäftsjahres:

Voll einbringliche Forderungen:

	198 000 €
(176 000 € (AB) + 77 000 € (e)	
⅟ 22 000 € (a) ⅟ 33 000 € (d))	
⅟ 1/11 USt-Anteil:	18 000 €
= Bezugsgröße zur Ermittlung der Pauschalwertberichtigung	180 000 €

Dies ergibt eine Pauschalwertberichtigung von 5 400 € (3% von 180 000 €).

Die Pauschalwertberichtigung von 4 800 € zu Beginn des Jahres ist am Ende der Periode auf den Betrag von 5400 € zu erhöhen.

Buchungssatz: 695 600 / 361 600

Lösung zur Übungsaufgabe 30: Verbuchung im Industriebetrieb

S	05 Grundstücke u. Gebäude	H
AB	450 000,–	EB	450 000,–

S	07 Maschinen	H
AB	210 000,–	(17)	20 000,–
		EB	190 000,–
	210 000,–		210 000,–

S	08 Betriebs- u. Geschäftsausst.	H
AB	110 000,–	EB	110 000,–

S	200 Rohstoffe	H
AB	70 000,–	(1)	40 000,–
(8)	60 000,–	(7)	30 000,–
		(2002)	1 800,–
		EB	58 200,–
	130 000,–		130 000,–

S	202 Hilfsstoffe	H
AB	40 000,–	(1)	40 000,–
(5)	50 000,–	(7)	10 000,–
(2021)	3 000,–	EB	43 000,–
	93 000,–		93 000,–

S	203 Betriebsstoffe	H
AB	25 000,–	(1)	15 000,–
(8)	10 000,–	(7)	8 000,–
		(2032)	300,–
		EB	11 700,–
	35 000,–		35 000,–

S	2021 ANK. Hilfsst.	H
(5)	3 000,–	S.	3 000,–

S	2002 Preisn. Rohst.	H
S	1 800,–	(9)	1 800,–

S	2032 Preisn. Betr.	H
S.	300,–	(9)	300,–

S	600 Aufw. Rohstoffe	H
(1)	40 000,–	S.	70 000,–
(7)	30 000,–		
	70 000,–		70 000,–

S	602 Aufw. Hilfsst.	H
(1)	40 000,–	S.	50 000,–
(7)	10 000,–		
	50 000,–		50 000,–

S	603 Aufw. Betriebs.	H
(1)	15 000,–	S.	23 000,–
(7)	8 000,–		
	23 000,–		23 000,–

S	210 Unf. Erzeugnisse	H
AB	95 000,–	(3)	50 000,–
(10)	15 000,–	EB	60 000,–
	110 000,–		110 000,–

S	220 Fertigerzeugnisse	H
AB	107 000,–	(2)	63 000,–
(4)	45 000,–	(11)	135 000,–
(10)	63 000,–	EB	17 000,–
	215 000,–		215 000,–

S	500 Umsatzerlöse		H
(516)	7 650,–	(2)	117 000,–
S.	364 350,–	(11)	255 000,–
	372 000,–		372 000,–

S	240 Forderungen		H
AB	87 000,–	(6)	58 500,–
(2)	117 000,–	(12)	255 000,–
(11)	255 000,–	(14)	80 000,–
		(15)	58 500,–
		EB	7 000,–
	459 000,–		459 000,–

S	52 Bestandsveränd.		H
(2)	63 000,–	(4)	45 000,–
(3)	50 000,–	(10)	63 000,–
(11)	135 000,–	(10)	15 000,–
		S.	125 000,–
	248 000,–		248 000,–

S	516 Skonti		H
(12)	7 650,–	S.	7 650,–

S	241 Dubiose		H
(15)	58 500,–	(15)	11 700,–
		EB	46 800,–
	58 500,–		58 500,–

S	280 Bank		H
AB	85 000,–	(5)	3 000,–
(6)	58 500,–	(9)	67 900,–
(12)	247 350,–	(13)	100 000,–
(14)	80 000,–	(16)	60 000,–
		EB	239 950,–
	450 850,–		450 850,–

S	288 Kasse		H
AB	22 000,–	EB	22 000,–

S	300 Eigenkapital		H
GuV.	55 350,–	AB	531 000,–
EB	475 650,–		
	531 000,–		531 000,–

S	41 Lang. Darlehen		H
EB	320 000,–	AB	320 000,–

S	36 Wertberichtig.		H
EB	50 000,–	AB	40 000,–
		(18)	10 000,–
	50 000,–		50 000,–

S	440 Verbindlichk.		H
(9)	70 000,–	AB	240 000,–
(13)	100 000,–	(5)	50 000,–
EB	190 000,–	(8)	60 000,–
		(8)	10 000,–
	360 000,–		360 000,–

S	480 Sonstige Verbindlichk.		H
EB	220 000,–	AB	170 000,–
		(16)	50 000,–
	220 000,–		220 000,–

S	65 Abschreib. a. A.		H
(17)	20 000,–	S.	30 000,–
(18)	10 000,–		
	30 000,–		30 000,–

S	695 Abschreib. a. F.		H
(15)	11 700,–	S.	11 700,–

S	620 Aufwend. Löhne u. Geh.	H		S	640 Aufwend. Sozialabgaben	H
(16)	100 000,–	S. 100 000,–		(16)	10 000,–	S. 10 000,–

S		Gewinn- und Verlustkonto		H
(600)	70 000,–	(500)		364 350,–
(602)	50 000,–	S.		55 350,–
(603)	23 000,–			
(52)	125 000,–			
(65)	30 000,–			
(695)	11 700,–			
(620)	100 000,–			
(640)	10 000,–			
	419 700,–			419 700,–

S		Schlußbilanzkonto		H
(05)	450 000,–	(300)		475 650,–
(07)	190 000,–	(41)		320 000,–
(08)	110 000,–	(36)		50 000,–
(200)	58 200,–	(440)		190 000,–
(2020)	43 000,–	(480)		220 000,–
(2030)	11 700,–			
(210)	60 000,–			
(220)	17 000,–			
(240)	7 000,–			
(241)	46 800,–			
(280)	239 950,–			
(288)	22 000,–			
	1 255 650,–			1 255 650,–

Lösung zur Übungsaufgabe 31: Gewinnverwendung der OHG

	9 Zinskorr. Einl.	10 Gesamtverzins.	11 Quotenverteil.	12 Gewinnanteil
A		13 880,−	11 149,−	25 029,−
B	10 Mon.- 500,−	10 321,−	11 149,−	21 470,−

	1 Anfangskapital	2 Entnahmen	3 Einlagen	4 korrig. Kapital
A	350 000,−	1.7. 4 200,− 1.11. 5 400,−		340 400,−
B	260 000,−	1.4. 3 500.− 1.7. 3 700,−	1.11. 15 000,−	267 800,−

	5 Gewinnanteil	6 neues Kapital	7 Verz. korrig. Kap.	8 Zinskorr. Entnah.
A	25 029,−	365 429,−	13 616,−	6 Mon.- 84,− 10 Mon.- 180,−
B	21 470,−	289 270,−	10 712,−	3 Mon.- 35,− 6 Mon.- 74,−

Lösungshinweise:

(4) $\triangleq$ (1) − (2) + (3)
(6) $\triangleq$ (4) + (5)
(7) $\triangleq$ Zinsen auf (4)
(8) $\triangleq$ Zinskorrektur auf (2)
(9) $\triangleq$ Zinskorrektur auf (3)
(10) $\triangleq$ (7) + (8) − (9)
(12) $\triangleq$ (10) + (11) $\triangleq$ (5)
(11) $\triangleq$ Gesamtgewinn   46 499,−
        − Gesamtverzinsung   24 201,−
        _____
        22 298 : 2 = 11 149,− pro Kopf (= Quote)

Lösung zur Übungsaufgabe 32: Gewinnverwendung der OHG mit Verbuchung

zu 1.: Gewinnverteilungstabelle

0	1	2	3	4	5
Gesell-schafter	Anfangs-kapital	Entnahmen	Einlagen	korrigiertes Kapital	Verzinsung des Anfangsbestandes
A	200 000	1.7. 6 000 1.10. 18 000 24 000	1.4. 20 000 1.12. 12 000 32 000	208 000	8 000
B	300 000	1.2. 12 000 1.4. 9 000 1.11. 5 100 26 100	–	273 900	12 000
C	350 000	1.3. 7 500 1.10. 2 000 1.12. 22 200 31 700	1.8. 12 000	330 300	14 000

	6	7	8	9	10	11
	Korrektur Entnahmen	Korrektur Einlagen	Verzinsung	Quote	Gewinn-anteil	Endkapital
A	6 Mon. 120 3 Mon. 180 300	9 Mon. 600 1 Mon. 40 640	8 340	24 160	32 500	240 500
B	11 Mon. 440 9 Mon. 270 2 Mon. 34 744	–	11 256	24 160	35 416	309 316
C	10 Mon. 250 3 Mon. 20 1 Mon. 74 344	5 Mon. 200	13 856	24 160	38 016	368 316

Lösungshinweise:

(4) $\doteq$ (1) – (2) + (3);   (5) $\doteq$ 0,04 + (1);

(8) $\doteq$ (5) – (6) + (7)

(9) $\doteq$ Gesamtgewinn   105 932

　　　– Gesamtverz.   33 452

────────────────────────────────

　　　　　　　　　　　72 480 : 3 = 24 160;

(10) $\doteq$ (8) + (9);

(11) $\doteq$ (4) + (10)

zu 2: Verbuchung:

GuV				Gewinnverwendung		
Aufwand		Ertrag		Gew. A 32 500,–	(GuV.) 105 932,–	
105 932,–				Gew. B 35 416,–		
				Gew. C 38 016,–		
				105 932,–	105 932,–	

Kapital A				Kapital B		
EB	240 500,–	AB	200 000,–	EB	309 316,–	AB 300 000,–
		Priv.	40 500,–			Priv 9 316,–
	240 500,–		240 500,–		309 316,–	309 316,–

Kapital C				Privat A		
EB	368 316,–	AB	350 000,–	1.7.	6 000,–	1.4. 20 000,–
		Priv.	18 316,–	1.10.	18 000,–	1.12. 12 000,–
	368 316,–		368 316,–	Kap.	40 500,–	Gew. 32 500,–
					64 500,–	64 500,–

Privat B				Privat C		
1.2.	12 000,–	Gew.	35 416,–	1.3.	7 500,–	1.8. 12 000,–
1.4.	9 000,–			1.10.	2 000,–	Gew. 38 016,–
1.11.	5 100,–			1.12.	22 200,–	
Kap.	9 316,–			Kap.	18 316,–	
	35 416,–		35 416,–		50 016,–	50 016,–

Lösung zur Übungsaufgabe 33: Gewinnverwendung der KG mit Verbuchung

a. Gewinnverteilungstabelle:

	1	2	3	4
	Anfangskapital	./. Entnahmen	korrig. Kapital	Gewinnanteil
A	28 000,–	31.1. 2 000,– 30.4. 2 000,– 31.7. 2 000,– 30.11. 2 000,–	20 000,–	11 899,34
B	23 400,–	31.1. 1 400,– 30.4. 1.400,– 31.7. 1 400,– 30.11. 1 400,–	17 800,–	11 765,34
C	9 300,–		9 300,–	1 845,—

	5	6	7	8
	neues Kapital	Verz.korrig.Kap.	Zinskorr.Entnah.	Gesamtverzins.
A	31 899,34	800,–	1 Mon. 6,67 4 Mon. 26,67 7 Mon. 46,67 11 Mon. 73,33 Summe 153,34	953,34
B	29 565,34	712,–	1 Mon. 4,67 4 Mon. 18,67 7 Mon. 32,67 11 Mon. 51,33 Summe 107,34	819,34
C	9 300,—	372,–		372,—

	9	10	11
	Vorab-Gew.-zuweis.	Quotenverteilung	Gewinnanteil
A	8 000,–	2 946,–	11 899,34
B	8 000,–	2 946,–	11 765,34
C		1 473,—	1 845,—

Lösungshinweis:

$(3) \doteq (1) - (2)$
$(5) \doteq (4) + (3)$
$(6) \doteq$ Zinsen auf (3)
$(7) \doteq$ Zinskorrektur auf (2)
$(8) \doteq (6) + (7)$
$(11) \doteq (8) + (9) + (10) = (4)$
$(10) \doteq$ Gesamtgewinn   25 509,68
     /. Vorabvert.   16 000,—
     /. Verzins.   2 144,68

7 365,— : 5 = <u>1 473,—</u> Quotenanteil

b. Verbuchung auf T-Konten:

S	GuV.	H	S	Gewinnvert.konto	H
Verschiedene Aufwendungen	verschiedene Erträge		Priv. A 11 899,34	GuV. 25 509,68	
Gv. 25 509,68			Priv. B 11 765,34		
			Gew.ant. C 1 845,—		
			25 509,68	25 509,68	

S	Privat A	H	S	Kapital A	H
Ka. 2 000,—	Gv. 11 899,34		SBK 31 899,34	AB 28 000,—	
Ka. 2 000,—				Priv. A 3 899,34	
Ka. 2 000,—			31 899,34	31 899,34	
Ka. 2 000,—					
Kap. A 3 899,34					
11 899,34	11 899,34				

S	Privat B	H	S	Kapital B	H
Ka. 1 400,—	Gv. 11 765,34		SBK 29 565,34	AB 23 400,—	
Ka. 1 400,—				Priv. B 6 165,34	
Ka. 1 400,—			29 565,34	29 565,34	
Ka. 1 400,—					
Kap. B 6 165,34					
11 765,34	11 765,34				

S	Gewinnanteil C	H	S	Kapital C	H
Bank od. sonst. Verb. 1 845,—	Gv. 1 845,—		SBK 9 300,—	AB 9 300,—	

Lösung zur Übungsaufgabe 34: Gewinnverwendung der GmbH

a) Es handelt sich um eine nach § 267 HGB „mittelgroße" Kapitalgesellschaft. Es ist damit eine verkürzte GuV-Gliederung (§ 276 HGB) möglich, eine Aufgliederung der Umsätze ist nicht erforderlich.

Bilanz zum 31.12.2002

Aktiva		Passiva	
TEURO			TEURO
	A. Eigenkapital		
	I. Gezeichnetes Kapital		100
	II. Kapitalrücklage		20
	III. Gewinnrücklage		60
	IV. Gewinnvortrag		
	(120-50)		70
	V. Jahresüberschuß		100
			350

Gewinn- und Verlustrechnung für das Jahr 2002 (01.01. bis 31.12.2002)

	TEURO
Pos. 20 Jahresüberschuß	100

b) Gesetzlicher Maßstab für die Ergebnisverteilung ist das Verhältnis der Nennbeträge der Geschäftsanteile zueinander:

A = 50 %; B = 30%; C = 20%
Gesamtausschüttung 2001 = 50 TEURO, prozentuale Aufteilung:
A = 25 TEURO, B = 15 TEURO, C = 10 TEURO

c)
Bilanz zum 31.12.2002

Aktiva		Passiva	
TEURO			TEURO
	A. Eigenkapital		
	I. Gezeichnetes Kapital		100
	II. Kapitalrücklage		20
	III. Gewinnrücklage		100
	IV. Bilanzgewinn		80
			300

Ermittlung des Bilanzgewinns zum 31.12.2002

		TEURO
Jahresüberschuß 2002		100
Gewinnvortrag 01.01.2002	120	
Ausschüttung für das Geschäftsjahr 2001	– 50	70
·/. Einstellung in die Gewinnrücklage 2002		– 40
·/. Ausschüttung für das Geschäftsjahr 2002		– 50
Bilanzgewinn zum 31.12.2002		80

Gewinn- und Verlustrechnung für das Jahr 2002 (01.01. bis 31.12.2002)

	TEURO
Pos. 20 Jahresüberschuß	100
Pos. 21 Gewinnvortrag aus dem Vorjahr	70
Pos. 22 Einstellung in die Rücklagen (2002)	– 40
Pos. 23 Ausschüttung Geschäftsjahr (2002)	– 50
Pos. 24 Bilanzgewinn	80

Lösung zur Übungsaufgabe 35: Gewinnverwendung der AG

Auch wenn die AG nicht an der Börse gehandelt wird, so übersteigt sich doch die Kriterien der mittelgroßen Kapitalgesellschaft, es handelt sich also um eine große Kapitalgesellschaft.

Bilanz zum 31.12.2001

Aktiva		Passiva
TEURO		TEURO
	A. Eigenkapital	
	I. Grundkapital	500
	II. Kapitalrücklage	0
	III.Gesetzliche Rücklage	50
	IV. Andere Gewinnrücklagen	50
	V. Gewinnvortrag	20
	VI. Jahresüberschuß	80
		700

Bilanzgewinn :

	TEURO
Per 01.01.2002 Jahresüberschuß 2001	80
Gewinnvortrag 2001	20
Bilanzgewinn 2001	100
./. Einstellung in die freien Rücklagen 2001	− 50
./. Ausschüttung 2001	− 50
+ Jahresüberschuß 2002	+ 100
Bilanzgewinn 2002	100

Gewinnvortrag:

Stand 01.01.2002	20
Gewinnvortrag zum 31.12.2002	0

Bilanz zum 31.12.2002

Aktiva		Passiva	
	TEURO		TEURO
		A. Eigenkapital	
		I. Grundkapital	500
		II. Kapitalrücklage	0
		III. Gesetzliche Rücklage	50
		IV. Andere Gewinnrücklage	100
		V. Gewinnvortrag	0
		VI. Jahresüberschuß 2002	100
			750

Gewinn- und Verlustrechnung für das Jahr 2002 (01.01. – 31.12.2002)

	TEURO
Jahresüberschuß	100
+ Gewinnvortrag aus dem Vorjahr	0
Bilanzgewinn	100

J. Testaufgaben
zu A. Grundlagen

	f falsch	r richtig

Bei der Stichtagsinventur

	f falsch	r richtig
– werden alle Vermögensgegenstände und Schulden körperlich aufgenommen	( )	( )
– erfolgt die Bestandsaufnahme am Tag des Geschäftsjahresschlusses oder einem davor oder danach liegenden arbeitsfreien Tag	( )	( )
– erfolgt die Bestandsaufnahme innerhalb weniger Tage vor oder nach dem Geschäftsjahresschluß	( )	( )
– wird nur der mengenmäßige Bestand sämtlicher Vermögensgegenstände und Schulden ermittelt	( )	( )

Die vor- oder nachverlegte Stichtagsinventur:

	f falsch	r richtig
– kann nur innerhalb eines Zeitraumes von 10 Tagen nach dem Geschäftsjahresschluß angewendet werden	( )	( )
– verlangt ein besonderes Inventar	( )	( )
– verlangt eine mengenmäßige Fortschreibung bzw. Rückrechnung auf den Abschlußstichtag	( )	( )
– ist für Aktiengesellschaften nicht zulässig	( )	( )

Die permanente Inventur

	f falsch	r richtig
– verlangt ein besonderes Inventar	( )	( )
– verlangt eine mengenmäßige Fortschreibung bzw. Rückrechnung auf den Abschlußstichtag	( )	( )
– ist nur bei Kleinunternehmen anwendbar	( )	( )
– ist nur an arbeitsfreien Tagen anwendbar	( )	( )

Erfolgt die Inventur nicht zum Abschlußstichtag,

	f falsch	r richtig
– so sind die Bestandsveränderungen zwischen Inventur- und Bilanzstichtag stets mengenmäßig zu berücksichtigen	( )	( )
– so genügt stets eine wertmäßige Berücksichtigung von Bestandsveränderungen	( )	( )
– müssen Bestandsveränderungen überhaupt nicht berücksichtigt werden	( )	( )
– so kann lediglich bei der vor- oder nachverlegten Stichtagsinventur auf eine mengenmäßige Berücksichtigung der Bestandsveränderung zwischen Inventur und Abschlußstichtag verzichtet werden	( )	( )

Das **Inventar**

- ist die „Ausstattung" der Geschäftsräume   ( )   ( )
- ist zusammen mit dem Jahresabschluß zu
  veröffentlichen   ( )   ( )
- verzeichnet die Veränderungen der
  Vermögensgegenstände und Schulden während
  einer Abrechnungsperiode   ( )   ( )
- ist immer auf der Grundlage einer Stichtagsinventur zu erstellen   ( )   ( )

Das **Reinvermögen** ist die Differenz

- zwischen Erträgen und Aufwendungen   ( )   ( )
- zwischen Anlage- und Umlaufvermögen   ( )   ( )
- zwischen Eigen- und Fremdkapital   ( )   ( )
- zwischen Vermögen und Fremdkapital   ( )   ( )

Das **Geschäftsjahr**

- ist immer identisch mit dem Kalenderjahr   ( )   ( )
- umfaßt immer einen Zeitraum von 12 Monaten   ( )   ( )
- kann auch weniger als 12 Monate umfassen   ( )   ( )
- darf auch mehr als 12 Monate umfassen   ( )   ( )
- kann 12 Monate umfassen, ohne mit dem
  Kalenderjahr identisch zu sein   ( )   ( )

Unter einem **Rumpfgeschäftsjahr** versteht man

- ein Geschäftsjahr, in dem nur ein sehr geringer
  Gewinn erwirtschaftet wurde   ( )   ( )
- ein Geschäftsjahr, in dem Verlust erwirtschaftet
  wurde   ( )   ( )
- ein Geschäftsjahr, das kürzer ist als ein Kalenderjahr   ( )   ( )
- ein Geschäftsjahr, in dem keine Bilanz zu erstellen
  ist   ( )   ( )

Die **Bilanz**

- ist eine Zeitpunktrechnung   ( )   ( )
- beinhaltet auch Mengenangaben   ( )   ( )
- muß immer auf ein Inventar zurückzuführen sein
  (Grundsatz: Keine Bilanz ohne Inventar)   ( )   ( )
- ist immer ausgeglichen, d.h. linke und rechte Seite
  sind immer gleich groß   ( )   ( )

Die **Bilanz**

- gibt die Veränderung der Vermögensgegenstände
  und Schulden während einer Abrechnungsperiode
  an   ( )   ( )
- ist überschrieben mit Aktiva und Passiva   ( )   ( )
- ist überschrieben mit Soll und Haben   ( )   ( )

- ist eine Gegenüberstellung von Vermögenswerten
  und Kapital ( ) ( )

Bilanz und Inventar unterscheiden sich dadurch,

- daß in der Bilanz sämtliche Gegenstände einzeln
  aufgeführt werden ( ) ( )
- daß im Inventar keine Mengenangaben erfolgen ( ) ( )
- daß in der Bilanz Vermögen und Schulden gegenübergestellt werden ( ) ( )
- daß die Bilanz auf der Aktivseite als Saldo das
  Eigenkapital ausweist. ( ) ( )

Eine **Unterbilanz**

- ist eine verkürzte Bilanz, in der unbedeutende
  Positionen weggelassen werden ( ) ( )
- ist eine Bilanz, in der der Gewinn nicht gesondert
  ausgewiesen wird ( ) ( )
- ist eine Bilanz, in der auf der Passivseite ein Verlust
  ausgewiesen wird ( ) ( )
- ergibt sich immer dann, wenn während der Periode
  ein Verlust erwirtschaftet wurde ( ) ( )

Eine **Unterbilanz**

- entsteht, wenn das Eigenkapital kleiner als die
  Vermögenswerte ist ( ) ( )
- führt bei allen Rechtsformen von Unternehmen
  zur Insolvenz ( ) ( )
- entsteht, wenn die Vermögenswerte kleiner als das
  Fremdkapital sind ( ) ( )
- entsteht, wenn linke und rechte Seite der Bilanz
  nicht gleich groß sind. ( ) ( )

Folgende Geschäftsvorfälle führen letztlich zu einem
Aktivtausch

- Wareneinkauf auf Ziel ( ) ( )
- Bareinkauf einer Maschine ( ) ( )
- Zinsgutschrift auf unserem Bankkonto ( ) ( )
- Überweisung von Löhnen + Gehältern ( ) ( )

Folgende Geschäftsvorfälle führen letztlich zu einem
Passivtausch

- Zieleinkauf einer Maschine ( ) ( )
- die Miete für Geschäftsräume wird per Bank abgeführt ( ) ( )
- fällige Löhne und Gehälter sollen erst zu einem
  späteren Zeitpunkt bezahlt werden ( ) ( )
- Lieferantenverbindlichkeiten werden bezahlt,
  indem ein weiterer Bankkredit aufgenommen wird ( ) ( )

Folgende Geschäftsvorfälle führen letztlich zu einer
Bilanzverkürzung (Aktiv-Passiv-Minderung):

– die Lieferantenverbindlichkeit wird per Bank
  beglichen ( ) ( )
– die Lieferantenverbindlichkeit wird durch eine
  langfristige Bankverbindlichkeit abgelöst ( ) ( )
– Löhne und Gehälter werden bezahlt ( ) ( )
– eine Rechnung über eine erfolgte Kraftfahrzeug-
  reparatur geht ein ( ) ( )

Folgende Geschäftsvorfälle führen letztlich zu einer
Bilanzverlängerung (Aktiv-Passiv-Vermehrung):

– Bareinkauf von Büromaterial ( ) ( )
– Zinsgutschrift auf unserem Bankkonto ( ) ( )
– Wareneinkauf auf Ziel ( ) ( )
– Barzahlung der Geschäftsraummiete ( ) ( )

Das **Konto**

– ist überschrieben mit Aktiva und Passiva ( ) ( )
– wird durch Einstellen des Saldos auf der größeren
  Seite des Kontos immer ausgeglichen ( ) ( )
– ist immer überschrieben mit Soll und Haben ( ) ( )
– wird durch Einstellen des Saldos auf der kleineren
  Seite des Kontos immer ausgeglichen ( ) ( )

Eröffnungsbilanz und Eröffnungsbilanzkonto

– sind absolut identisch ( ) ( )
– unterscheiden sich in materieller Hinsicht
  (besitzen also einen unterschiedlichen Infor-
  mationsgehalt) ( ) ( )
– unterscheiden sich nur in formeller Hinsicht ( ) ( )
– sind Spiegelbildkonten ( ) ( )

Aktive Bestandskonten

– zeichnen sich durch einen Sollsaldo aus ( ) ( )
– werden bei Bestandsvermehrungen im Haben
  gebucht ( ) ( )
– werden bei Bestandsminderung im Soll gebucht ( ) ( )
– zeichnen sich durch einen Habensaldo aus ( ) ( )

In einem aktiven Bestandskonto

– wird der Anfangsbestand auf der rechten Seite
  verbucht ( ) ( )
– werden Bestandsminderungen im Haben verbucht ( ) ( )
– ermittelt sich der Saldo im Soll ( ) ( )
– ermittelt sich ein Habensaldo ( ) ( )

Passive Bestandskonten

- weisen den Anfangsbestand im Haben aus   ( )   ( )
- werden bei Bestandsminderungen im Soll gebucht   ( )   ( )
- leiten sich aus der Passivseite der Bilanz ab   ( )   ( )
- weisen ihren Saldo im Soll aus   ( )   ( )

In einem **passiven Bestandskonto**

- werden Bestandsmehrungen im Soll verbucht   ( )   ( )
- ermittelt sich ein Sollsaldo   ( )   ( )
- ermittelt sich ein Habensaldo   ( )   ( )
- werden Bestandsminderungen im Haben verbucht   ( )   ( )

Aus einem **aktiven Bestandskonto wird ein passives Bestandskonto**

- wenn am Geschäftsjahresschluß ein Sollsaldo ermittelt wird   ( )   ( )
- wenn Anfangsbestand und Zugänge wertmäßig größer sind als die Abgänge   ( )   ( )
- wenn der Saldo am Geschäftsjahresschluß im Haben steht   ( )   ( )
- wenn Anfangsbestand und Zugänge wertmäßig kleiner sind als die Abgänge   ( )   ( )

Aus einem **passiven Bestandskonto wird ein aktives Bestandskonto**

- wenn am Ende des Geschäftsjahres ein Soll-Saldo ermittelt wird   ( )   ( )
- wenn die Zugänge größer sind als die Abgänge während des Geschäftsjahres   ( )   ( )
- wenn Anfangsbestand und Zugänge kleiner sind als die Abgänge während des Geschäftsjahres   ( )   ( )
- wenn der Anfangs- und Schlußbestand auf der gleichen Kontoseite stehen   ( )   ( )

Der **Buchungssatz**

- ist eine kurze und präzise Buchungsanweisung   ( )   ( )
- benennt erst das Konto, bei dem im Haben zu buchen ist, und daran anschließend verbunden durch das Wörtchen „an" das Konto, bei dem im Soll zu buchen ist.   ( )   ( )
- benennt stets erst das aktive Bestandskonto und daran anschließend, verbunden durch „an", das passive Bestandskonto   ( )   ( )
- benennt erst das Konto, bei dem im Soll gebucht wird, und daran anschließend verbunden durch das Wörtchen „an" das Konto, bei dem im Haben zu buchen ist   ( )   ( )

– benennt stets erst das Bestandskonto und daran
anschließend, verbunden durch „an", das Erfolgskonto ( )   ( )

Das **Privatkonto**

– ist ein aktives Bestandskonto ( )   ( )
– ist ein Ertragskonto ( )   ( )
– ist ein Unterkonto des Eigenkapitalkontos ( )   ( )
– zeigt den Bestand an Privatvermögen und privaten
Schulden ( )   ( )

Das **Gewinn- und Verlustkonto**

– ist ein aktives Bestandskonto ( )   ( )
– nimmt die Gegenbuchungen zu den Salden der
Erfolgskonten auf ( )   ( )
– ist eine Zeitpunktrechnung ( )   ( )
– ist eine Zeitraumrechnung ( )   ( )
– ist ein Unterkonto des Eigenkapitalkontos ( )   ( )

Erfolgskonten

– geben ihre Salden an das Schlußbilanzkonto ab ( )   ( )
– nehmen bei erfolgswirksamen Geschäftsvorfällen
die Gegenbuchungen zu den Veränderungen der
aktiven Bestandskonten und der Schuldenkonten
auf ( )   ( )
– nehmen bei erfolgswirksamen Geschäftsvorfällen
sowohl die Soll- als auch die Habenbuchung auf ( )   ( )
– geben ihre Salden an das Gewinn- und Verlustkonto ab ( )   ( )

Aufwandskonten

– verzeichnen den betrieblich bedingten Werte-
zuwachs einer Abrechnungsperiode im Soll ( )   ( )
– werden regelmäßig im Haben gebucht ( )   ( )
– werden lediglich bei Stornobuchungen im Soll
berührt ( )   ( )
– weisen ihren Saldo auf der Habenseite aus ( )   ( )

Aufwandskonten

– sind Unterkonten des Gewinn- und Verlustkontos ( )   ( )
– verzeichnen den betrieblich bedingten Werte-
verzehr einer Abrechnungsperiode im Haben ( )   ( )
– zeichnen sich durch ein Habensaldo aus ( )   ( )
– werden regelmäßig im Soll gebucht ( )   ( )

Ertragskonten

- werden generell im Soll gebucht ( )　( )
- werden nur bei Stornobuchungen im Haben
  gebucht ( )　( )
- geben ihre Salden an die Sollseite des Gewinn- und
  Verlustkontos ab ( )　( )
- weisen ihren Saldo im Haben aus ( )　( )

Das **GuV-Konto**

- ist ein Aufwands- und Ertragssammelkonto ( )　( )
- gibt seinen Saldo an das Privatkonto ab ( )　( )
- weist seinen Saldo stets im Soll aus ( )　( )
- ist ein Unterkonto des Schlußbilanzkontos ( )　( )

Nach dem **Prinzip der getrennten Kontenführung**

- ist jeder Geschäftsvorfall einzeln zu verbuchen ( )　( )
- sind gleichartige Sachverhalte auf gleichen Konten
  zu verbuchen und unterschiedliche Sachverhalte
  auf unterschiedlichen Konten zu verbuchen ( )　( )
- sind Mischkonten unzulässig ( )　( )
- ist die Einführung von Unterkonten überflüssig ( )　( )

zu B. Typische Buchungsfälle im Handelsunternehmen

Bei der **Waren-Bruttomethode mit Inventur**

- benötigt man ein Wareneinsatzkonto ( )　( )
- ist eine permanente Lagerbuchführung zwingend
  notwendig ( )　( )
- ist von ihrer aktienrechtlichen Unzulässigkeit auszugehen ( )　( )
- wird der Warenrohgewinn im Warenverkaufskonto ermittelt ( )　( )

Bei der **Waren-Bruttomethode ohne Inventur**

- muß zu jedem einzelnen Verkaufsakt der Ein-
  standspreis der verkauften Waren bekannt sein ( )　( )
- ermittelt sich der Endbestand im Wareneinkaufs-
  konto durch Saldieren ( )　( )
- ermittelt sich der Endbestand im Wareneinkaufs-
  konto per Inventur ( )　( )
- ist bei variablen Einkaufspreisen das gleitende
  Durchschnittsverfahren anwendbar ( )　( )

Bei der **Waren-Nettomethode mit Inventur**

- wird der Wareneinsatz im Gewinn- und Verlustkonto gebucht ( )　( )
- wird der Endbestand durch Inventur vorgegeben ( )　( )
- ist von einer aktienrechtlichen Unzulässigkeit
  auszugehen ( )　( )

- wird der Warenrohgewinn im Wareneinkaufs-
  konto ermittelt   ( )   ( )
- ist eine permanente Lagerbuchführung zwingend
  erforderlich   ( )   ( )
- führt die Berücksichtigung der Umsatzsteuer zum
  gleichen Erfolg wie ohne Berücksichtigung der
  Umsatzsteuer   ( )   ( )

Bei der **Waren-Nettomethode ohne Inventur**

- ermittelt sich der Endbestand im Wareneinkaufs-
  konto per Inventur   ( )   ( )
- benötigt man ein Wareneinsatzkonto   ( )   ( )
- ist eine permanente Lagerbuchführung zwingend
  erforderlich   ( )   ( )
- wird der Wareneinsatz im Warenverkaufskonto
  gebucht   ( )   ( )

Lieferantenskonti sind

- als Skontoertrag   ( )   ( )
- als Skontoaufwand   ( )   ( )
- als Anschaffungspreisminderung   ( )   ( )
- als Erlösberichtigung zu verbuchen   ( )   ( )

Lieferantenskonto

- mindert erst bei Inanspruchnahme den Warenwert   ( )   ( )
- mindert bei Inanspruchnahme die Verbindlich-
  keiten   ( )   ( )
- mindert sogleich bei Inanspruchnahme den
  betrieblichen Erfolg   ( )   ( )
- mindert erst dann den Erfolg, wenn die ein-
  gekaufte Ware zum Verkauf gelangt   ( )   ( )

Kundenskonti sind

- als Skontoaufwand   ( )   ( )
- als Skontoertrag   ( )   ( )
- als Anschaffungspreisminderung   ( )   ( )
- als (Umsatz)Erlösschmälerung zu verbuchen   ( )   ( )

Kundenskonti dürfen

- als Anschaffungskostenminderung   ( )   ( )
- als Skontoaufwand   ( )   ( )
- als Minderung der Umsatzerlöse   ( )   ( )
- als Skontoertrag verbucht werden   ( )   ( )

Bei Warenbezug erhaltene **Rabatte**

- sind Preisnachlässe, die nachträglich am Quartals-
  oder Jahresende gewährt werden   ( )   ( )

– werden auf einem gesonderten Ertragskonto
  verbucht   ( )   ( )
– werden vom Warenbruttobetrag sofort abgezogen   ( )   ( )
– wirken als Ertrag erfolgserhöhend   ( )   ( )

zu C. Typische Buchungsfälle im Industriebetrieb

Der Industriekontenrahmen (IKR 1986)

– ist nach dem Abschlußgliederungsprinzip auf-
  gebaut   ( )   ( )
– ist für alle Industrieunternehmen gesetzlich vorgeschrieben   ( )   ( )
– bewirkt eine Trennung von Finanzbuchhaltung
  und Kostenrechnung in zwei Rechnungskreise
  (Zweikreissystem)   ( )   ( )
– ist nach dem Prozeßgliederungsprinzip aufgebaut   ( )   ( )

Der Industriekontenrahmen (IKR 1986)

– ist nach dem Abschlußgliederungsprinzip
  aufgebaut   ( )   ( )
– stellt ein Einkreissystem dar   ( )   ( )
– orientiert sich im Aufbau an den Positionen der
  aktienrechtlichen Bilanz bzw. Gewinn- und
  Verlustrechnung   ( )   ( )
– ist nach dem dekadischen System untergliedert   ( )   ( )

Der **Gemeinschaftskontenrahmen der Industrie**
(GKR)

– ist grundsätzlich für alle Industrieunternehmen
  gesetzlich vorgeschrieben   ( )   ( )
– orientiert sich im Aufbau an den Positionen der
  aktienrechtlichen Bilanz bzw. Gewinn- und
  Verlustrechnung   ( )   ( )
– ist ein Einkreissystem   ( )   ( )
– orientiert sich im Aufbau an einem industriellen
  Fertigungsprozeß   ( )   ( )

Das Bestandsveränderungskonto

– ist immer ein Ertragskonto   ( )   ( )
– ist immer ein Aufwandskonto   ( )   ( )
– weist die Bestandsmehrungen von unfertigen und/
  oder fertigen Erzeugnissen einer Abrechnungs-
  periode als Saldo im Soll aus   ( )   ( )
– weist die Bestandsminderungen von unfertigen
  und/oder fertigen Erzeugnissen einer Abrechnungsperiode als Saldo im Haben aus   ( )   ( )

Bestandserhöhungen an Halb- und Fertigfabrikaten

– führen grundsätzlich zu einem Gewinn	(	)	(	)
– werden im Konto Bestandsveränderungen im Soll gebucht	(	)	(	)
– werden im Konto Bestandsveränderungen mit den Bestandsminderungen an Roh-, Hilfs- und Betriebsstoffen verrechnet	(	)	(	)
– brauchen nicht berücksichtigt zu werden	(	)	(	)

Bestandserhöhungen an Fertigfabrikaten

– ermitteln sich bei der Methode mit Inventur am Ende der Periode, wenn der Anfangsbestand > Endbestand	(	)	(	)
– ermitteln sich bei der Methode ohne Inventur am Ende der Periode durch Saldieren der Anfangs- und Endbestände	(	)	(	)
– ermitteln sich bei der Methode mit Inventur am Ende der Periode, wenn der Anfangsbestand < Endbestand	(	)	(	)
– sind bei der Methode ohne Inventur durch den Buchungssatz „Fertigungserzeugnisse an Bestandsveränderungen" zu berücksichtigen	(	)	(	)

zu D. Die Verbuchung der Umsatzsteuer

Folgende Geschäftsvorfälle führen zu einer
Umsatzsteuerverbuchung

– Zahlung von Löhnen und Gehältern	(	)	(	)
– Export von Fertigerzeugnissen	(	)	(	)
– Zinsgutschrift durch die Bank	(	)	(	)
– Import von Rohstoffen	(	)	(	)

Der **Umsatzsteuerpflicht** unterliegen

– private Entnahmen aus der Kasse	(	)	(	)
– Lieferungen ins Ausland	(	)	(	)
– das Erhalten eines Geschenkes	(	)	(	)
– finanzielle Transaktionen des Betriebes	(	)	(	)

Die **Mehrwertsteuer**

– belastet das Unternehmen erfolgswirksam	(	)	(	)
– ist **nur** bei Privatentnahmen fällig	(	)	(	)
– wird auf den Unternehmer als privaten Endverbraucher überwälzt	(	)	(	)
– fällt nur bei Importen an	(	)	(	)

Die **Mehrwertsteuer**

– wird erfolgswirksam verbucht	(	)	(	)
– wird erfolgsneutral verbucht	(	)	(	)
– ist bei privater Entnahme von Gegenständen zu verbuchen	(	)	(	)

– wird in der Unternehmung überhaupt nicht
  verbucht   ( )   ( )

Die **Mehrwertsteuer** auf Privatentnahme

– fällt an bei der Vornahme von Investitionen   ( )   ( )
– fällt an bei der privaten Nutzung betrieblicher
  Dienstleistungen   ( )   ( )
– berücksichtigt den Tatbestand, daß der Unter-
  nehmer auch als privater Endverbraucher auf-
  treten kann   ( )   ( )
– belastet nicht den Unternehmer als Privatperson,
  sondern das Unternehmen   ( )   ( )

Die **private Nutzung** eines zum Betriebsvermögen
gehörenden Fahrzeuges

– ist umsatzsteuerfrei   ( )   ( )
– stellt eine Privatentnahme dar und ist daher
  umsatzsteuerpflichtig   ( )   ( )
– ist eine Verwendung von dem Unternehmen
  dienenden Gegenständen zu Zwecken, die außerhalb der Unternehmung liegen und daher umsatz-
  steuerfrei   ( )   ( )
– ist eine Form des Eigenverbrauches und daher
  umsatzsteuerpflichtig   ( )   ( )

Ein Bareinkauf von **Rohstoffen** (unter Berücksichtigung der Umsatzsteuer) stellt letztlich

– einen Aktivtausch dar   ( )   ( )
– eine Kombination von Passivtausch und Aktiv-
  Passiv-Mehrung dar   ( )   ( )
– eine Kombination von Aktivtausch und Aktiv-
  Passiv-Mehrung dar   ( )   ( )
– einen erfolgswirksamen Geschäftsvorfall dar   ( )   ( )

Das **Prinzip der periodengerechten Erfolgsermittlung** besagt,

– daß sich der Erfolg der Unternehmung aus dem
  Eigenkapitalvergleich unter Berücksichtigung
  privater Einlagen und Entnahmen ergibt   ( )   ( )
– daß das Eigenkapitalkonto in das Privat- und
  mindestens ein Erfolgskonto aufgesplittert werden
  muß   ( )   ( )
– daß den erzielten Erträgen einer Periode die Auf-
  wendungen gegenübergestellt werden müssen, die
  zu ihrer Entstehung beigetragen haben   ( )   ( )
– daß ein möglichst vorsichtiger (= niedriger)
  Gewinn zu ermitteln ist   ( )   ( )

zu E. Abschreibungen

Abschreibungen auf das abnutzbare Sachanlage-vermögen

– erhöhen c. p. den Periodengewinn	( )	( )
– werden als Ertrag gebucht	( )	( )
– führen notwendigerweise zu einer Erhöhung der finanziellen Mittel der Unternehmung	( )	( )
– mindern letztendlich das Eigenkapital	( )	( )

Abschreibungen auf Gegenstände des abnutzbaren Anlagevermögens

– sind erfolgsneutral	( )	( )
– bewirken indirekt verbucht einen Passivtausch	( )	( )
– dürfen handelsrechtlich willkürlich festgelegt werden, es muß nur sichergestellt sein, daß die Summe der Periodenabschreibungen die Anschaffungskosten nicht übersteigt	( )	( )
– führen mit der Verminderung des Erfolges in allen Fällen zu einer Verbesserung der Liquidität	( )	( )

Abschreibungen auf Gegenstände des abnutzbaren Anlagevermögens

– werden nicht verbucht	( )	( )
– führen c. p. zu einer Minderung des Gewinnaus-weises	( )	( )
– sind periodisierte Anschaffungsausgaben	( )	( )
– führen bei indirekter Verbuchung gegenüber einer direkten Verbuchung c. p. zu einer größeren Bilanzsumme	( )	( )

Indirekte Abschreibung auf das abnutzbare Sachanlagevermögen

– erhöhen c. p. den Periodengewinn	( )	( )
– werden als Ertrag verbucht	( )	( )
– führen notwendigerweise zu einer Erhöhung der finanziellen Mittel der Unternehmung	( )	( )
– mindern letztendlich das Eigenkapital	( )	( )

zu F. Besondere Buchungsfälle

Zweifelhafte Forderungen

– sind überhaupt nicht zu bilanzieren	( )	( )
– sind zu ihrem Nennwert zu bilanzieren	( )	( )
– sind nur im Geschäftsbericht anzugeben	( )	( )
– sind zu ihrem wahrscheinlichen Wert zu bilanzieren	( )	( )

Abschreibungen auf Forderungen

- dürfen erst dann verbucht werden, wenn über das
  Vermögen des Schuldners das Insolvenzverfahren
  eröffnet wurde   ( )   ( )
- sollen den Forderungsausfall auf mehrere
  Perioden verteilen   ( )   ( )
- sind stets direkt vorzunehmen   ( )   ( )
- dürfen erst nach dreimaliger Mahnung des
  Schuldners vorgenommen werden   ( )   ( )

Abschreibungen auf Forderungen
(wegen speziellen Kreditrisikos)

- sind erfolgsneutral   ( )   ( )
- sind direkt zu verbuchen   ( )   ( )
- sind für jede einzelne Forderung gesondert zu
  ermitteln (Einzelbewertungsprinzip)   ( )   ( )
- sind planmäßig zu verrechnen.   ( )   ( )

Transitorische Rechnungsabgrenzungsposten

- erscheinen auf der Aktivseite der Bilanz, wenn in
  in der alten Periode Einnahmen erfolgen für
  Erträge, die ihre Ursache erst in der nächsten
  Periode haben   ( )   ( )
- erscheinen auf der Passivseite der Bilanz, wenn in
  der alten Periode Einnahmen erfolgen für Erträge,
  die ihre Ursache erst in der nächsten Periode haben   ( )   ( )
- erscheinen in der Gewinn- und Verlustrechnung   ( )   ( )
- erscheinen auf der Aktivseite der Bilanz, wenn in
  der alten Periode Ausgaben erfolgen für Aufwendungen, die ihre Ursache erst in der nächsten
  Periode haben   ( )   ( )

Antizipative Rechnungsabgrenzungsposten

- werden überhaupt nicht bilanziert   ( )   ( )
- sind bei AG als sonstige Forderung oder sonstige
  Verbindlichkeit zu bilanzieren   ( )   ( )
- entstehen, wenn in der alten Periode Aufwen-
  dungen oder Erträge verursacht werden, die
  Zahlung aber erst in der folgenden Periode erfolgt   ( )   ( )
- entstehen, wenn in der alten Periode eine Zahlung
  für Aufwendungen oder Erträge der folgenden
  Periode erfolgt   ( )   ( )

Rückstellungen

- erscheinen auf der Aktivseite der Bilanz   ( )   ( )
- haben eine periodengerechte Erfolgsermittlung
  zum Ziel   ( )   ( )

– sind zu buchen bei verursachten, aber der Höhe
nach nicht genau zu bestimmenden Erträgen ( ) ( )
– sind zu buchen bei verursachten, aber der Höhe
nach nicht genau zu bestimmenden Aufwendungen ( ) ( )

Im Grundbuch der Unternehmung

– wird ausschließlich der Bestand aller Grundstücke
der Unternehmung verbucht ( ) ( )
– wird lediglich der Bestand der mit Betriebs-
gebäuden bebauten Grundstücke verbucht ( ) ( )
– werden alle Geschäftsvorfälle der Unternehmung
in chronologischer Reihenfolge verbucht ( ) ( )
– werden alle Geschäftsvorfälle der Unternehmung
nach sonstigen (außer zeitlichen) sachlichen
Kriterien verbucht ( ) ( )

Im Hauptbuch der Unternehmung

– werden nur wichtige Geschäftsvorfälle verbucht ( ) ( )
– werden alle Geschäftsvorfälle der Unternehmung
nur in chronologischer Reihenfolge verbucht ( ) ( )
– werden alle Geschäftsvorfälle nach sachlichen
Kriterien verbucht ( ) ( )
– ist derzeit eine Verbuchung der Geschäftsvorfälle
entsprechend dem IKR unzulässig ( ) ( )

Die Hauptabschlußübersicht (Betriebsübersicht)

– ist ein Instrument außerhalb der doppelten Buchhaltung ( ) ( )
– muß zusammen mit der Gewinn- und Verlustrechnung und der Bilanz veröffentlicht werden ( ) ( )
– ist für die Unternehmensleitung wertlos ( ) ( )
– dient vorwiegend Kontrollzwecken ( ) ( )

K. Lösung der Testaufgaben

von

S. 112: frff, frff, frff, frff, fffr
S. 113: ffff, fffr, ffrfr, ffrf, rfrr, frf
S. 114: r, ffrf, ffff, ffrf, frff, ffrr
S. 115: rfrf, frrf, ffrr, ffrr, rfff, frff
S. 116: rrrr, ffrf, fffr, rfrr, rffr
S. 117: f, ffrf, frfrr, frfr, fffr, fffr
S. 118: ffff, rfff, frrf, ffff, rrfr, frr
S. 119: ffr, fffr, ffrf, rfff, fffr, ffrf, f
S. 120: frf, rfrf, rfrr, ffrr, ffrr
S. 121: ffff, ffrr, fffr, ffff, ffff, frr
S. 122: f, frrf, fffr, rfff, ffrf
S. 123: fffr, frff, frrr, fffr, fffr
S. 124: ffff, frrf, frfr, frrf, fr
S. 125: fr, ffrf, ffrf, rffr